平面微波无源器件研究

高山山 著

东北大学出版社

·沈阳·

图书在版编目（CIP）数据

平面微波无源器件研究 / 高山山著. — 沈阳：

东北大学出版社，2025.1. -- ISBN 978-7-5517-3796-8

Ⅰ. TN713

中国国家版本馆CIP数据核字第2025RY3703号

出　版　者：东北大学出版社
　　　　　　地址：沈阳市和平区文化路三号巷11号
　　　　　　邮编：110819
　　　　　　电话：024-83683655（总编室）
　　　　　　　　　024-83687331（营销部）
　　　　　　网址：http://press.neu.edu.cn
印　刷　者：辽宁一诺广告印务有限公司
发　行　者：东北大学出版社
幅面尺寸：170 mm×240 mm
印　　张：8.25
字　　数：148千字
出版时间：2025年1月第1版
印刷时间：2025年1月第1次印刷
策划编辑：周文婷
责任编辑：郎　坤
责任校对：周文婷
封面设计：潘正一
责任出版：初　茗

ISBN 978-7-5517-3796-8　　　　　　　　定价：60.00元

前　言

现代无线通信技术的迅猛发展，对系统中无源器件提出了更高的要求。高性能、小型化及无源器件的综合方法是当前微波无源器件的研究热点和难点。

本书总结了多种新型的具有优良性能的平面微波无源器件。

第1章，阐述了无线通信系统中微波无源器件的研究背景和意义，并介绍了无线通信系统中高性能、小型化微波无源器件的研究现状。

第2章，回顾了微波滤波器设计的基本理论，介绍了改进型的多谐振点谐振器的模型，并在此基础上设计了适用于超宽带通信系统的通带内具有单阻带的超宽带滤波器。研究结果表明，该滤波器阻带灵活可调。针对超宽带通带内实现多阻带独立可调的难题，基于刻蚀技术介绍了通带内具有双阻带的超宽带滤波器的设计方法。对双模滤波器进行了深入的探讨，针对双模滤波器阻带特性差的问题，介绍了带外具有三个传输零点的双模滤波器的设计方案。

第3章，介绍了非等纹响应宽带带通滤波器的综合方法，通过该综合方法得到的滤波器可直接用于设计。基于该方法，介绍了非等纹宽带带通滤波器的滤波函数的一般表达式，并对通带内具有偶数个和奇数个传输极点两种情况的滤波函数进行了详细的理论推导。基于非等纹宽带带通滤波器的综合方法，介绍了基于平行耦合线宽带带通滤波器结构的通带内具有偶数个和奇数个传输极点的非等纹宽带带通滤波器。对平行耦合线结构的非等纹宽带带通滤波器的敏感度进行了分析，研究结果表明，非等纹宽带带通滤波器受介质损耗、金属损耗及加工误差的影响比传统的切比雪夫函数滤波器小，很好地解决了宽带带通滤波器高端频率部分插损大及通带带宽减小的难题。

第4章，对巴伦（平衡不平衡变换器）的基本结构、巴伦的网络模型及其相关的技术参数进行了简单介绍，回顾了环形谐振器的基本理论。在此基础上，介绍了基于环形谐振器的带滤波功能的双模巴伦模型，研究结果表明，该巴伦能有效地提高阻带特性，解决巴伦阻带范围窄的问题。

第5章，对T形结功分器和Wilkinson功分器的基本结构和工作原理做了简单的介绍。在此基础上，通过奇偶模分析方法，推导了带内传输极点及带外传输零点的方程，并得到了理论上的传输极点及零点的分布图。通过调节传输零点的位置，有效地抑制了谐波，改善了带外特性，解决了阻带范围窄的难题。

第6章，展望了下一步的工作。

本书在撰写过程中还参阅并部分引用了相关文献资料，也得到了国内部分同行专家的帮助，可作为研究生教材。限于时间与著者水平，尽管做了很大的努力，但遗漏、不妥之处仍难以避免，敬请各位同人和读者批评指正，以便后续修订时完善。

著　者

2024年2月

目　录

第1章 绪 论

1.1 背景和意义

随着无线通信技术的快速发展，微波电路受到了越来越多的关注。不断出现的无线通信系统应用对无线通信设备也提出了更高的要求，高性能、高可靠性、小型化、低成本已成为新型无线通信电子设备的基本要求。微波滤波器是现代通信系统中的重要元件之一，它起着选择信号的重要作用，它的性能直接关系整个通信系统的质量[1-4]。随着无线通信系统的发展，频谱资源日益紧张，频率间的间隔越来越小，对滤波器也提出了更高的要求。高选择性、小型化已成为微波滤波器的研究热点和难点之一。自2002年美国联邦通信委员会（Federal Communications Commission，FCC）释放3.1~10.6 GHz频段用于超宽带通信以来[5]，超宽带通信技术受到了广泛的关注，超宽带通信具有隐蔽性好、传输速率高、穿透能力强等特点[6]。随着宽带通信技术的发展，越来越多的学者开始研究各种形式的宽带滤波器[7-13]。目前的宽带滤波器在高性能、小型化方面还存在一定的问题，如何在宽带频段范围内抑制掉其他无线通信信号的干扰是一个难点。同时，宽带滤波器的综合也是当前的研究难点之一。

巴伦在射频前端系统中具有重要的作用，它在天线、混频器、倍频器等设备中具有较为广泛的应用。巴伦能够实现平衡和不平衡信号之间的转换，两个输出端口的信号幅度相等，相位相差180°。目前，关于巴伦的研究较多[14-20]，但在高性能、小型化方面还是存在一些问题。当前，将多个器件的功能整合在一起是系统小型化的一个趋势。将滤波器和巴伦的功能集成在一起，实现带滤波功能的巴伦，必然能有效地减小系统的整体尺寸。

功率分配器，简称功分器，它是射频前端系统中的关键元件之一，起着分配功率的重要作用。现代通信技术的迅猛发展，对功分器的性能指标提出了越来越高的要求。传统的Wilkinson功分器由于其窄带带宽特性，不适合用于宽带通信系统，此外，其谐波影响较为严重[21]。目前，关于功分器的研究在宽频带、高性能、小型化、谐波抑制方面还存在一定的问题[22-28]。为了减小系统的尺寸，将功分器与滤波器的性能集成在一起是一个很好的发展方向，能够有效地减小射频前端系统的尺寸。

本书针对超宽带无线通信系统的要求，介绍了高性能、小型化的通带内具有单阻带和双阻带的超宽带滤波器的设计方案；针对窄带通信系统的要求，介绍了带多个传输零点的双模滤波器模型；基于等纹响应的宽带带通滤波器的直接综合法，介绍了非等纹滤波响应的宽带带通滤波器的综合方法；针对射频前端系统小型化的问题，介绍了具有良好带外特性的带滤波功能的双模巴伦模型；针对宽带无线通信系统小型化的问题，介绍了集滤波器功能及功分器功能于一体的带滤波功能的宽带功分器的设计方案。

1.2 国内外研究现状

针对无线通信系统中平面无源器件的高性能、小型化这一研究目标，国内外许多学者进行了广泛的研究，本小节将对国内外的研究现状进行简单介绍。

1.2.1 超宽带滤波器研究

近年来，随着超宽带通信技术的迅猛发展，超宽带滤波器受到了广泛的关注，学者对超宽带滤波器进行了广泛研究，设计了多种形式的超宽带滤波器[29-35]。其中，基于多模谐振器的超宽带带通滤波器受到了较多的关注[35]，其基本结构如图1-1所示。由图1-1可知，该滤波器是由中间的低阻抗线和两边的平行耦合线组合而成的。通过调节多模谐振器中间的低阻抗线及两边

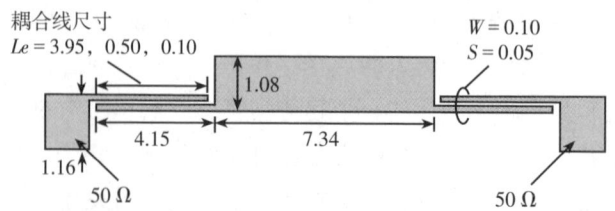

图1-1 基于多模谐振器的超宽带带通滤波器（单位：mm）

高阻抗线的阻抗比，可以控制通带内模的位置，从而实现超宽带的通带带宽。该滤波器结构简单，可实现的通带范围宽，但存在寄生通带比较严重的问题。

超宽带技术的快速发展，对超宽带滤波器提出了更高的要求，仅仅能够实现从3.1~10.6 GHz通带带宽范围的超宽带带通滤波器已不能满足要求。这是由于在超宽带的通频带范围内，存在其他无线信号的干扰，因此，需要在超宽带的通带范围内产生一些阻带将这些无线信号的干扰抑制掉。目前，已有不少学者对通带内具有单阻带的超宽带滤波器进行了相关研究[36-46]。S. W. Wong等提出了一种结构较为简单的通带内具有单阻带的超宽带滤波器[37]，其结构如图1-2所示。由图1-2可知，该滤波器是由中间的谐振器和两边的非对称型的交指状馈线组合而成的。中间谐振器的尺寸可以控制通带内模的位置，从而实现超宽带的通带带宽。两边的交指状馈线采用非对称的结构，可以在通带内产生一个阻带。通过调节非对称交指状馈线的尺寸，可以控制通带内阻带的位置。

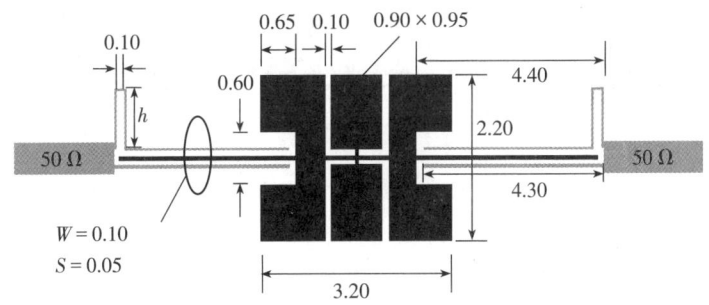

图1-2　通带内具有单阻带的超宽带滤波器（单位：mm）

H. Shaman等也提出了一种通过改变馈线结构，在超宽带的通带范围内产生一个阻带的超宽带滤波器[42]，其结构如图1-3所示。由图1-3可知，该滤波器也是由中间的谐振器和两边的交指状馈线组合而成的。通过分别在两

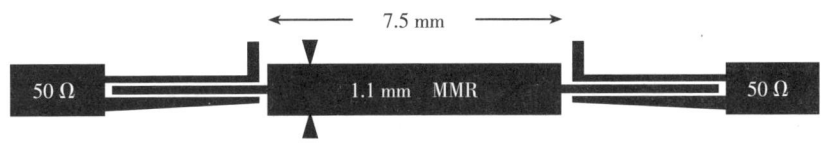

图1-3　改变馈线结构的超宽带滤波器

边交指状馈线的两根平行耦合线中的一根上加载一个支节，即可在超宽带的通带范围内产生一个阻带，阻带的位置可由加载支节的长度控制。H. Shaman等还提出了一种通过引入开路支节来实现超宽带通带范围内具有一个阻带的超宽带滤波器[43]，其结构如图1-4所示。由图1-4可知，该滤波器是在超宽带带通滤波器结构的基础上进行改进的，通过在第一级和最后一级的连接线上引入开路支节，就可在超宽带的通带范围内产生一个阻带。加载的开路支节的长度可以控制阻带频率的位置，支节的宽度及缝隙的距离可以控制阻带的带宽。

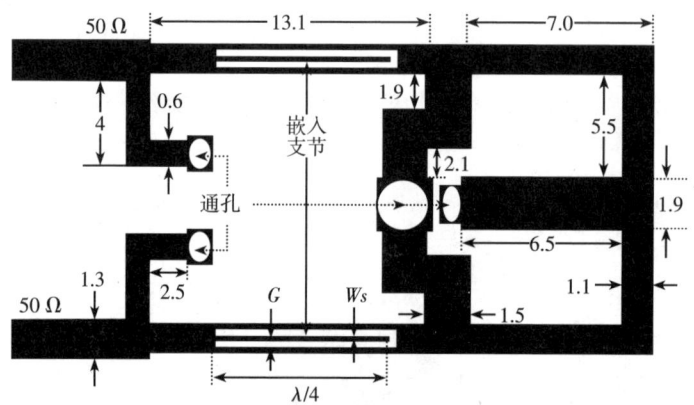

图1-4　开路支节结构的超宽带滤波器（单位：mm）

由于超宽带技术的快速发展，超宽带通带范围内具有单个阻带的超宽带滤波器已不能满足超宽带通信的要求。为了进一步提高超宽带系统的通信质量，抑制其他无线信号的干扰，对超宽带滤波器提出了更高的要求，即要求超宽带滤波器能够在超宽带的通带范围内产生多个阻带。针对这一要求，不少学者开始对超宽带通带范围内具有两个阻带的超宽带滤波器进行研究[47-50]。K. Song等提出了基于非对称双线耦合结构的通带范围内具有两个阻带的超宽带滤波器[47]，该滤波器的结构如图1-5所示。由图1-5可知，该滤波器中与馈线耦合部分的双线耦合结构采用了非对称耦合线的形式。通过调节非对称耦合线部分的尺寸，可以控制通带内两个阻带的位置及阻带的带宽。

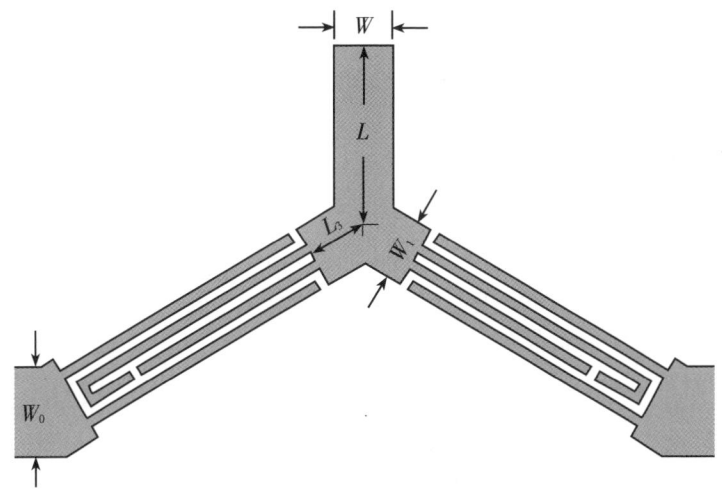

图1-5 非对称耦合结构的超宽带滤波器

F. Wei等提出了一种基于复合左右手谐振器的通带内具有两个阻带的超宽带滤波器[48]，其结构如图1-6所示。通过调节复合左右手谐振器的尺寸，可以在超宽带的通带范围内产生两个阻带。为了改善超宽带滤波器的带外特性，采用了缺陷地结构（defected ground structure，DGS）。该滤波器具有良好的通带特性和带外特性，但是结构比较复杂。

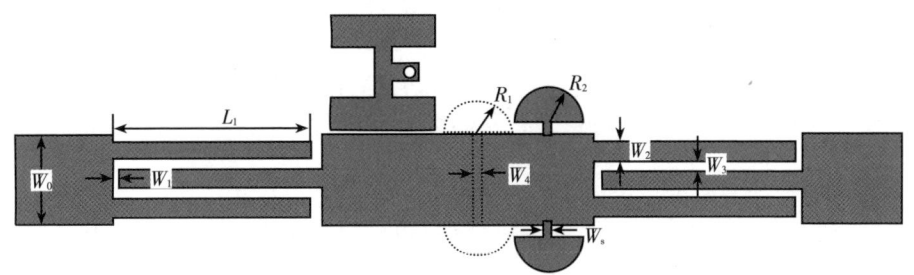

图1-6 基于复合左右手谐振器的超宽带滤波器

1.2.2 双模滤波器研究

双模谐振器在微波滤波器设计中具有较为广泛的应用，每个双模谐振器都可看作一个双频调谐电路，即一个谐振器可以同时产生两个谐振频率，因此，对于n阶的滤波器而言，当采用双模谐振器时，谐振器的数量比单模时减少一半，从而能够有效地减小电路的尺寸。

双模谐振器的原理是利用几何对称谐振腔内存在的一对简并模，通过在对称面上引入微扰，将两个谐振频率相同的简并模分开，从而实现双模谐振的功能。最早的平面双模谐振器是由 I. Wolff 在 1972 年提出的 [51]，其结构如图 1-7 所示。由图 1-7 可知，该双模谐振器是由闭合环谐振器和微扰结构组合而成的。该对称的闭合环谐振器中存在两个频率相同、模式正交的简并模，当在闭合环上引入微扰时，如图 1-7 中的切角，两个简并模分离开，从而形成了双模谐振器。1995 年，J.S. Hong 等提出了基于正方形环谐振器的双模滤波器 [52]，其结构如图 1-8 所示。通过改变对称面上微扰的尺寸，可以控

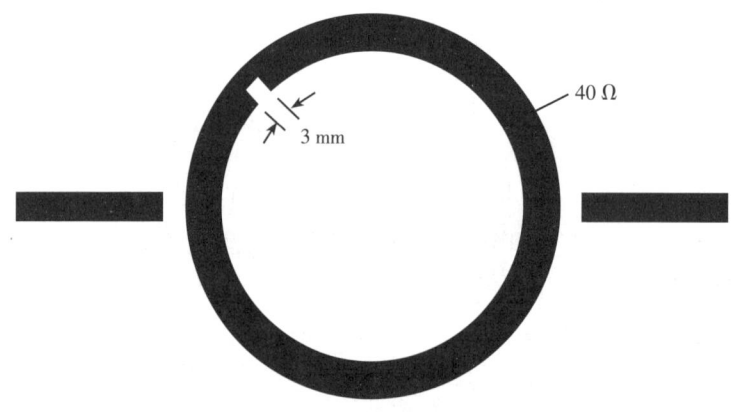

图1-7　双模滤波器

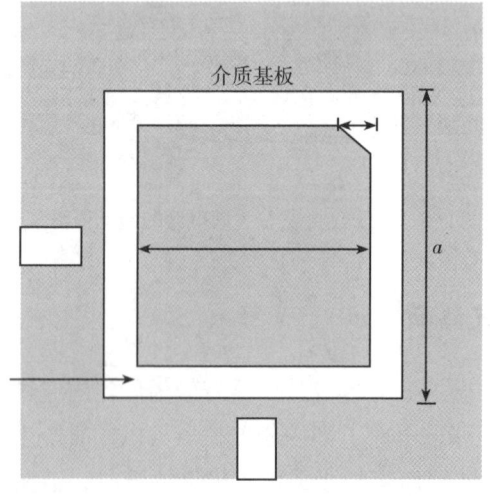

图1-8　基于正方形环状结构的双模滤波器

制两个模的位置。为了进一步实现电路的小型化，J.S. Hong等同年又提出了基于蜿蜒环谐振器的双模滤波器[53]，其结构如图1-9所示。由图1-9可知，利用蜿蜒环谐振器可以有效地减小电路的尺寸。同时，通过调节对称面上贴片的尺寸，可以控制两个模的位置。

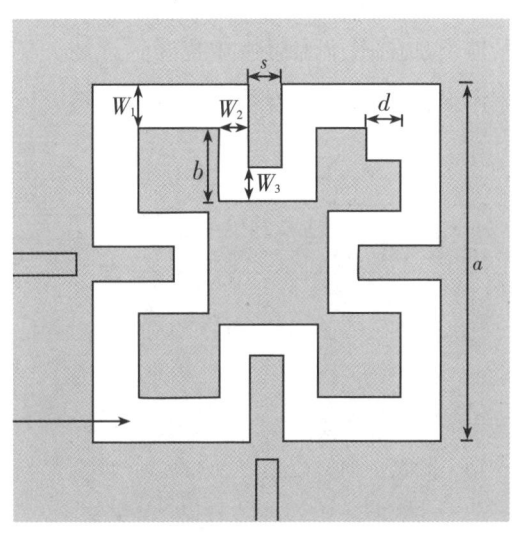

图1-9 基于蜿蜒环谐振器的双模滤波器

1999年，L. Zhu等提出了基于带槽贴片结构的双模滤波器[54]，其结构如图1-10所示。由图1-10可知，该双模谐振器上开有两个相互交叉的槽，通过调节两个槽的尺寸，可以激励起两个模，从而形成双模滤波器。2004

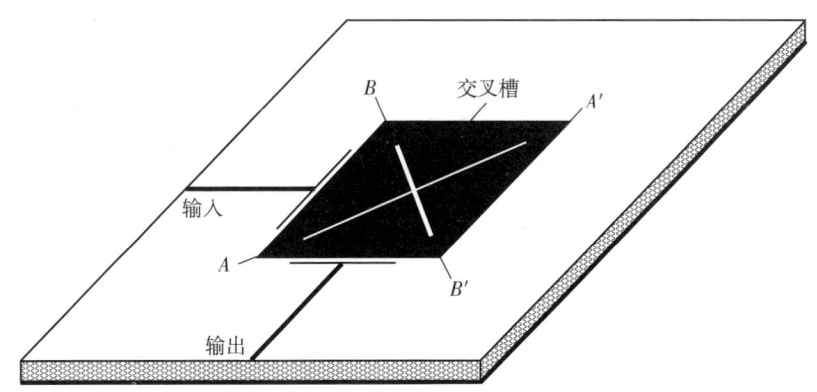

图1-10 基于带槽贴片谐振器的双模滤波器

年，A. Görür 提出了一种新型微扰的双模谐振器[55]，其结构如图 1-11 所示。图 1-11（a）中，方形环谐振器的四个角上分别加有四个贴片；图 1-11（b）中，方形环谐振器的四个角分别有切角，即两个图的微扰形式不一样。不论是哪一种微扰形式，其中一个角为微扰元，另外三个角为参考元。当四个角加有贴片时，此时为容性微扰；当四个角有切角时，此时为感性微扰。当谐振器所加的微扰为感性微扰时，该滤波器的响应为切比雪夫函数响应；当谐振器所加的微扰为容性微扰时，该滤波器的响应为椭圆函数响应。

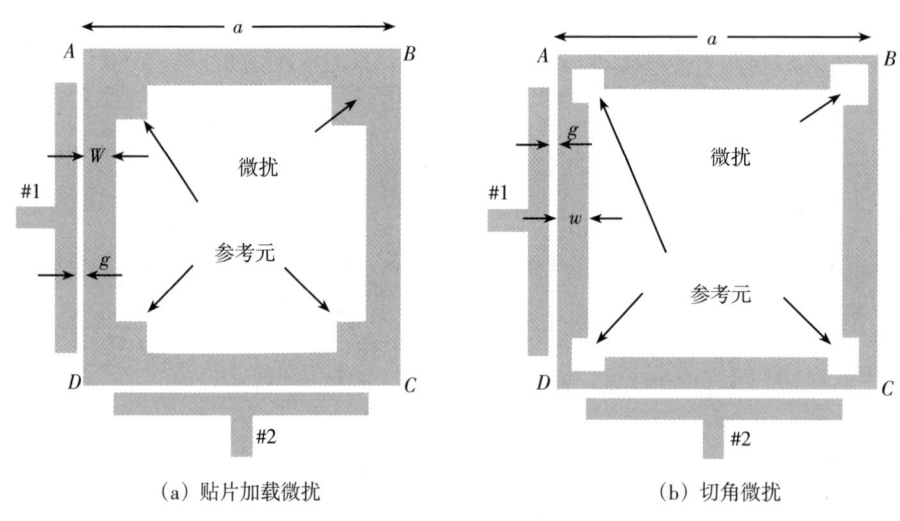

（a）贴片加载微扰　　　　　　　　　　　　（b）切角微扰

图 1-11　双模环谐振器

2007 年，J.S. Hong 等提出了中间支节加载的开路环双模谐振器[56]，其结构如图 1-12 所示。通过调节中间加载支节的尺寸，可以控制偶模的位置。此外，该谐振器自带一个传输零点，当偶模频率高于奇模频率时，传输零点位于偶模频率的右边，即通带上边带的阻带；当偶模频率低于奇模谐振频率时，传输零点位于偶模频率的左边，即通带下边带的阻带。该双模滤波器结构简单，易于实现。近年来，由于双模谐振器尺寸小、结构简单等特点，越来越多的学者对其进行了较为广泛的研究[57-67]。

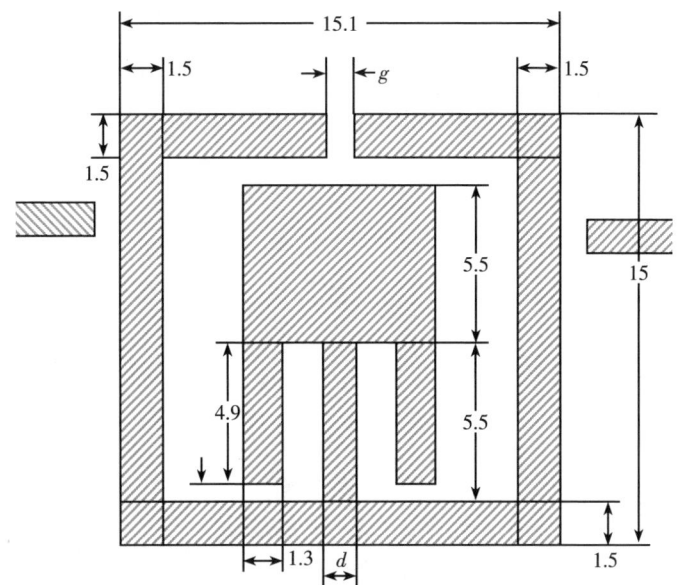

图1-12 基于开路环谐振器的双模滤波器（单位：mm）

1.2.3 宽带带通滤波器综合研究

近年来，随着超宽带技术的快速发展，超宽带带通滤波器受到了较多的关注，各种形式的超宽带带通滤波器层出不穷[68-74]，但大多数都是基于软件仿真得到的超宽带带通滤波器。2009年，R. Li等提出了基于切比雪夫函数响应的宽带滤波器综合技术[75-77]。同年，S. Sun等提出了基于平行耦合线结构的切比雪夫函数响应的超宽带带通滤波器综合技术[78]。然而，由于超宽带的通带范围较宽，所有的参数对于频率而言不再是固定的常数，因此，实现的带宽通常比设计的带宽小。由于超宽带带宽范围较宽，通带内的反射零点可能重叠，因此，带宽减小的问题会变得比较严重。为了补偿带宽减小的问题，S. Sun等提出了将原始的带宽设计得比需要的带宽范围更大的补偿方法[79]。然而，这种方法的灵活性有限，需要依靠经验和实现条件。

1.2.4 巴伦研究

在无线通信技术快速发展的今天，无线通信系统的小型化、低成本的要求剧增，将无线通信系统中多种元件的功能集成在一起已成为未来无线通信系统的发展趋势。巴伦和滤波器都是射频前端系统中重要的元件，因此，将巴伦和滤波器的功能整合在一起势必能减小系统的整体尺寸，即实现带滤波功能的巴伦电路。该电路既能实现对频率的选择作用，也能实现平衡和不平衡之间的转换，在此情况下，越来越多的学者开始对带滤波功能的巴伦进行研究[80]。L. K. Yeung等提出了基于低温共烧陶瓷（LTCC）技术的巴伦结构[81]，该设计需要在多层电路上实现，结构比较复杂。

一些学者开始利用双模谐振器来实现带滤波功能的巴伦。E.Y. Jung等提出了基于双模环谐振器的带滤波功能的巴伦[82]，其结构如图1-13所示。该电路结构简单，易于实现。S. Sun等提出了基于带槽的贴片双模谐振器结

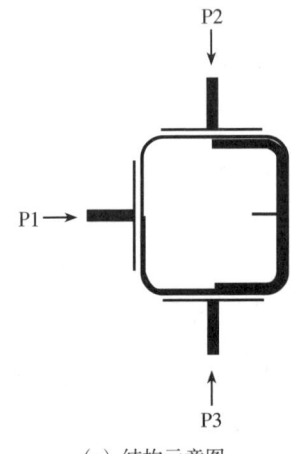

（a）结构示意图

（b）等效电路图

图1-13　带滤波功能的巴伦

构的带滤波功能的巴伦[83]，其结构如图1-14所示。该巴伦不仅结构简单，性能优良，其频率响应在带外还有两个传输零点，最小插入损耗为1.9 dB，端口2，3的幅度差和相位差分别为0.5 dB和180°±5°。为了进一步改善带滤波功能的巴伦的带外特性，S.J. Kang等提出了带谐波抑制的带滤波功能的巴伦[84]，其结构如图1-15所示。该电路具有较好的谐波抑制功能，但是尺寸较大，通带内的插入损耗也比较大，插入损耗为1.34~1.54 dB，端口2，3的幅度差和相位差分别为0.46 dB和172°~182°。图1-14和图1-15所示巴伦的性能相比较，图1-14所示巴伦的插损、幅度差和相位差分别略高0.5 dB、0.04 dB和3°。为了有效地实现电路的小型化和改善带外特性，P. Cheong等提出了基于加载环谐振器的带滤波功能的巴伦[85]，其结构如图1-16所示。通过在环谐振器内加载贴片，有效地减小了电路的面积，同时，该电路具有较好的带外特性，但是，通带内插入损耗较大。

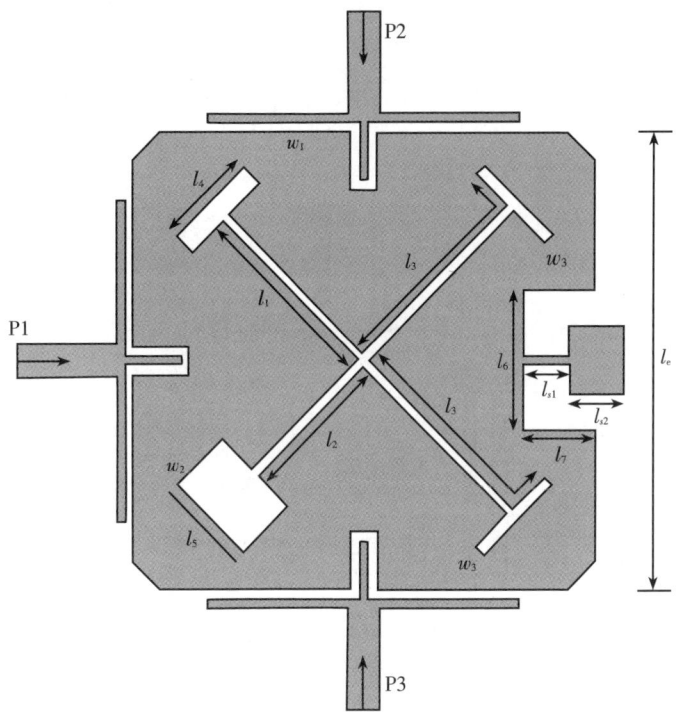

图1-14 基于带槽的贴片双模谐振器的带滤波功能的巴伦

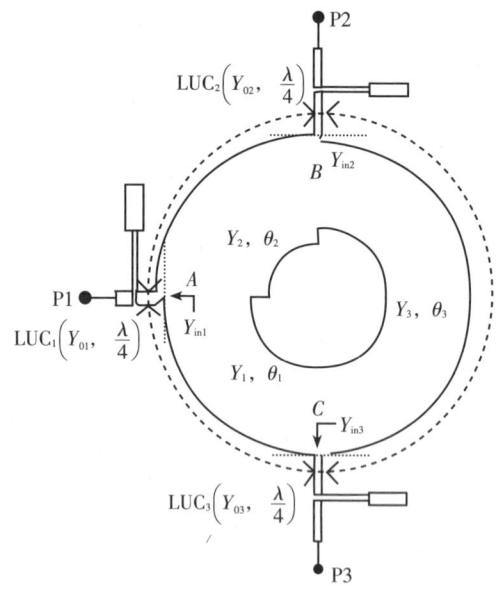

图1-15 带谐波抑制的滤波巴伦

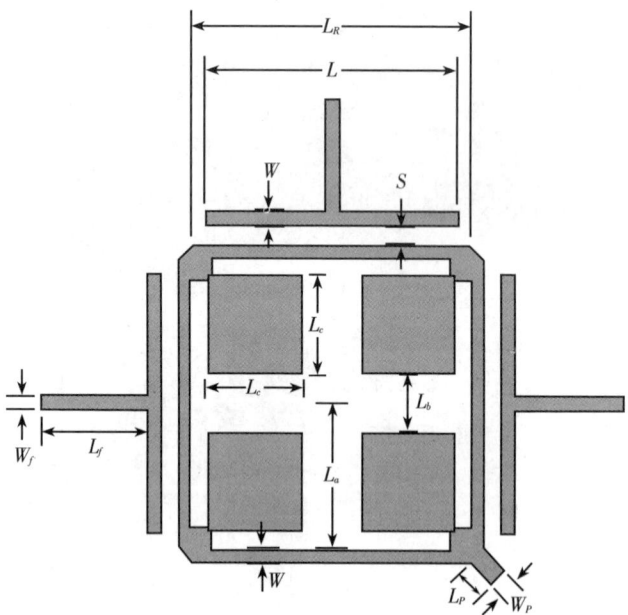

图1-16 电容加载的带滤波功能的巴伦

1.2.5　功率分配器研究

　　功率分配器作为微波毫米波通信系统中的基本元件[24, 26, 86-90]，在天线馈电网络、移相器等电路中具有较广泛的应用。Wilkinson功率分配器由于其结构简单、两个输出端口隔离效果好等特点，广泛应用于微波毫米波通信系统[89]。然而，传统的Wilkinson功率分配器的主要缺点是相对带宽较窄，谐波较为严重。为了更加有效地实现电路的小型化，利用电容加载技术可以减小Wilkinson功率分配器的尺寸[90]。近年来，随着宽带通信技术的快速发展，对宽带功率分配器的需求逐渐增加，不少学者开始对宽带的功率分配器进行研究[91-93]。通过折叠多级的匹配网络，可以获得宽带响应[94]，然而，这种直接法不仅会增加电路的整体尺寸，而且需要较多的电阻进行隔离。S. W. Wong等提出了基于平行耦合线的宽带功分器[95]，其结构如图1-17所示。该滤波器能够实现宽带响应，但是阻带特性不是太理想。K. Song等提出了基于微带线到槽线过渡的宽带功分器[96]，但是阻带带宽太窄。

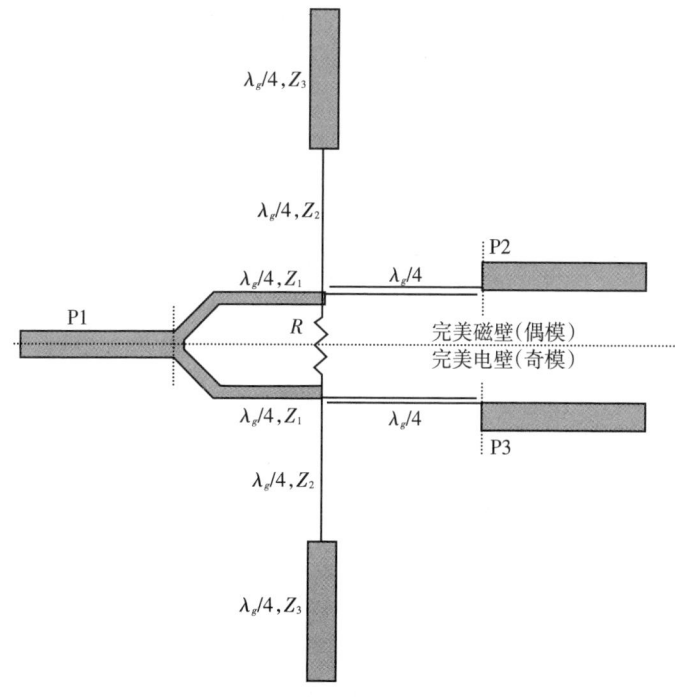

图1-17　宽带功率分配器

为了改善功率分配器的阻带特性，不少学者研究了各种形式的带谐波抑制功能的功率分配器[97-104]。D. J. Woo 等提出了应用 DGS 结构来抑制谐波[105]，但由于需要采用刻蚀地技术，不适用于 MMIC。J. S. Kim 等提出了在隔离电阻和输出端口之间增加支节的功率分配器[106]，其结构如图 1-18 所示。该功率分配器结构简单，具有较好的谐波抑制功能。K. K. M. Cheng 等提出了三个开路支节加载的功率分配器[107]，该功率分配器在阻带有三个传输零点，具有良好的阻带特性。

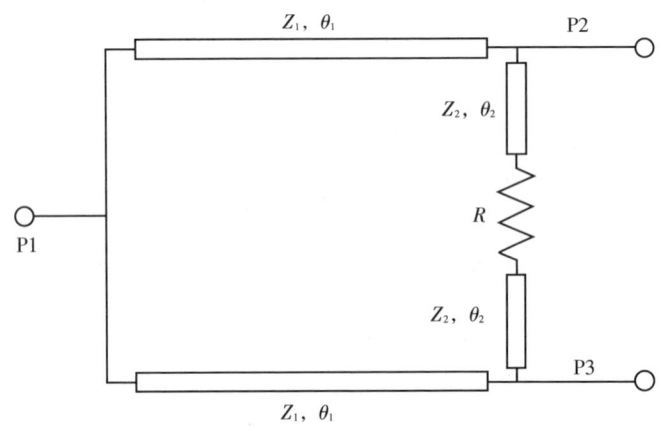

图1-18　带谐波抑制的功率分配器

随着通信系统小型化的发展，近年来，出现了不少关于带滤波功能的功率分配器研究。P. K. Singh 等提出了基于耦合线结构的带滤波功能的功分器[108]，其结构如图 1-19 所示。该功率分配器不仅结构紧凑，而且具有滤波功能。

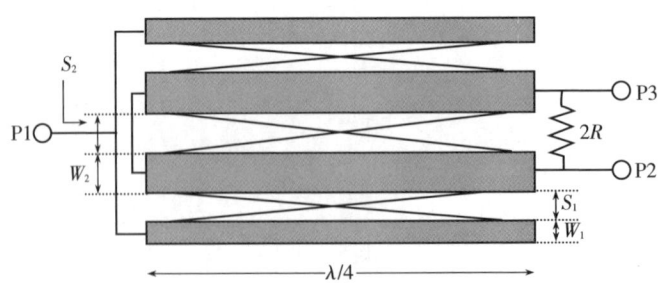

图1-19　带滤波功能的功率分配器

第2章 微带滤波器

滤波器在无线通信系统中具有重要的作用，它能让一定频率范围内的信号通过，而让其他频段的信号得到相应的抑制，因而，它具有频率选择的作用，它的性能对整个通信系统的通信质量有至关重要的影响。近年来，随着无线通信的迅猛发展，对无线通信系统也提出了更高的要求，高性能、高可靠性、低成本、小型化已成为未来无线通信系统的发展趋势。这也对滤波器提出了更高的要求。微带滤波器由于其具有体积小、成本低、质量轻、易于集成等特点，在现代无线通信系统中得到了广泛的应用。本章首先介绍了微波滤波器设计的基本理论，然后介绍了具有阻带特性的超宽带滤波器及双模滤波器结构。

2.1 微波滤波器设计基本理论

微波滤波器具有频率选择的特性，它能使所需要的频带范围内的信号通过，而使其他频段范围的信号得到相应的抑制。信号能顺利通过的频段为通带，信号被抑制的频段为阻带。

2.1.1 两端口网络

滤波器电路可看作一种两端口网络[4]，如图2-1所示。图中a_1，b_1为端口1处的入射波及出射波，a_2，b_2为端口2处的入射波及出射波，V_1，V_2和I_1，I_2分别为端口1处及端口2处的电压及电流，Z_{01}，Z_{02}分别为端阻抗，E_s为源。端口电压定义为

$$V_1 = |V_1| e^{j\phi} \qquad (2-1)$$

由此可得到端口处电压、电流与端口处入射波及出射波的关系，即

$$V_n = \sqrt{Z_{0n}}\left(a_n + b_n\right) \Big\}$$
$$I_n = \frac{1}{\sqrt{Z_{0n}}}\left(a_n - b_n\right) \Big\} \qquad (2\text{-}2)$$

式中，$n = 1$，2。端口 n 处的功率可表示为

$$P_n = \frac{1}{2}\mathrm{Re}\left(V_n \cdot I_n^*\right) \qquad (2\text{-}3)$$

在微波频段，散射参数得到了极为广泛的应用，对于图 2-1 而言，其散射参数矩阵可定义为

$$\begin{bmatrix} b_1 \\ b_2 \end{bmatrix} = \begin{bmatrix} S_{11} & S_{12} \\ S_{21} & S_{22} \end{bmatrix} \cdot \begin{bmatrix} a_1 \\ a_2 \end{bmatrix} \qquad (2\text{-}4)$$

即

$$(b) = [S](a) \qquad (2\text{-}5)$$

其中，散射矩阵的元素可定义为

$$S_{ij} = \frac{b_i}{a_j}\bigg|_{a_i=0} \qquad (2\text{-}6)$$

以上定义式表示，在端口 i 处入射波为零的情况下，端口 i 处的出射波比上端口 j 处的入射波，即为散射矩阵中的元素 S_{ij}。由此可见，S_{ij} 表示端口 j 到端口 i 的传输，S_{ii} 表示端口 i 的反射。

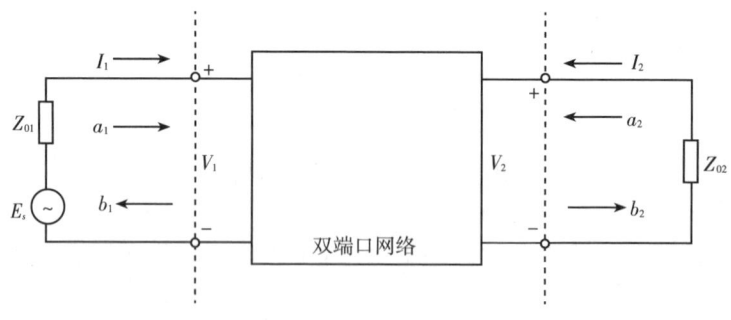

图 2-1

对于滤波器而言，其主要的技术指标有中心频率、通带带宽、插入损耗等。中心频率 f_0，即工作频带的中心。通带带宽又分为绝对带宽和相对带

宽，绝对带宽指通带上边沿f_2和下边沿f_1之差，相对带宽指绝对带宽与中心频率的比值。插入损耗指插入滤波器时所引起的损耗。若令端口输入处得到的信号源的最大功率为P_{in}，负载吸收的功率为P_l，可得到插入损耗L_A的表达式，即

$$L_A = \frac{P_{in}}{P_l} \tag{2-7}$$

若用散射矩阵参数进行表示，L_A可表示为

$$L_A = 10\lg\frac{1}{|S_{21}|^2} \tag{2-8}$$

上述S参数矩阵描述了两端口微波网络的相关特性，在实际的电路设计中通常由多个网络级联组成，在此情况下，$ABCD$矩阵具有明显的优势。对于图2-1所示的两端口网络，其$ABCD$矩阵可表示为

$$\begin{bmatrix} V_1 \\ I_1 \end{bmatrix} = \begin{bmatrix} A & B \\ C & D \end{bmatrix} \cdot \begin{bmatrix} V_2 \\ -I_2 \end{bmatrix} \tag{2-9}$$

其中，$A = \left.\frac{V_1}{V_2}\right|_{I_2=0}$，$B = \left.\frac{V_1}{I_2}\right|_{V_2=0}$，$C = \left.\frac{I_1}{V_2}\right|_{I_2=0}$，$D = \left.\frac{I_1}{I_2}\right|_{V_2=0}$。当有多个网络级联时，级联的两端口网络的总的$ABCD$矩阵等于每个两端口网络的乘积，即

$$\begin{bmatrix} A & B \\ C & D \end{bmatrix}_{总} = \prod_{i=1}^{N} \begin{bmatrix} A_i & B_i \\ C_i & D_i \end{bmatrix} \tag{2-10}$$

在级联网络中，一般先利用$ABCD$矩阵求得级联后总的$ABCD$矩阵，再将其转化为S矩阵，从而研究其网络的相关特性。S矩阵与$ABCD$矩阵的转换关系为[21]

$$[S] = \frac{1}{A + B/Z_0 + CZ_0 + D} \begin{bmatrix} A + B/Z_0 - CZ_0 - D & 2(AD - BC) \\ 2 & -A + B/Z_0 - CZ_0 + D \end{bmatrix} \tag{2-11}$$

$ABCD$矩阵与S矩阵的转换关系为

$$\begin{bmatrix} A & B \\ C & D \end{bmatrix} = \begin{bmatrix} \dfrac{(1+S_{11})(1-S_{22}) + S_{12}S_{21}}{2S_{21}} & Z_0\dfrac{(1+S_{11})(1+S_{22}) - S_{12}S_{21}}{2S_{21}} \\ \dfrac{1}{Z_0}\dfrac{(1-S_{11})(1-S_{22}) - S_{12}S_{21}}{2S_{21}} & \dfrac{(1-S_{11})(1+S_{22}) - S_{12}S_{21}}{2S_{21}} \end{bmatrix} \tag{2-12}$$

2.1.2 微波滤波器分类

按照不同的频率响应对微波滤波器进行分类，大致可分为以下几类：低通滤波器、高通滤波器、带通滤波器、带阻滤波器，其相应的理想情况的频率响应如图2-2所示。图中横坐标为角频率ω，纵坐标为滤波器的插入损耗，空白部分为滤波器的通带，填充部分为滤波器的阻带，ω_1，ω_2为滤波器通带与阻带之间的分界频率。在理想情况下，滤波器通带内的插入损耗为0，而在阻带的插入损耗趋于无穷大。然而，在实际的电路设计中很难实现这样的频率响应特性，只能逼近于理想的频率响应特性曲线。在通常的微波滤波器设计中，先将所要求的工作频段转化为低通原型滤波器，并按照实际要求设计低通原型滤波器，再利用频率变换得到所要求的实际电路。最常见的低通原型滤波器有以下几类。

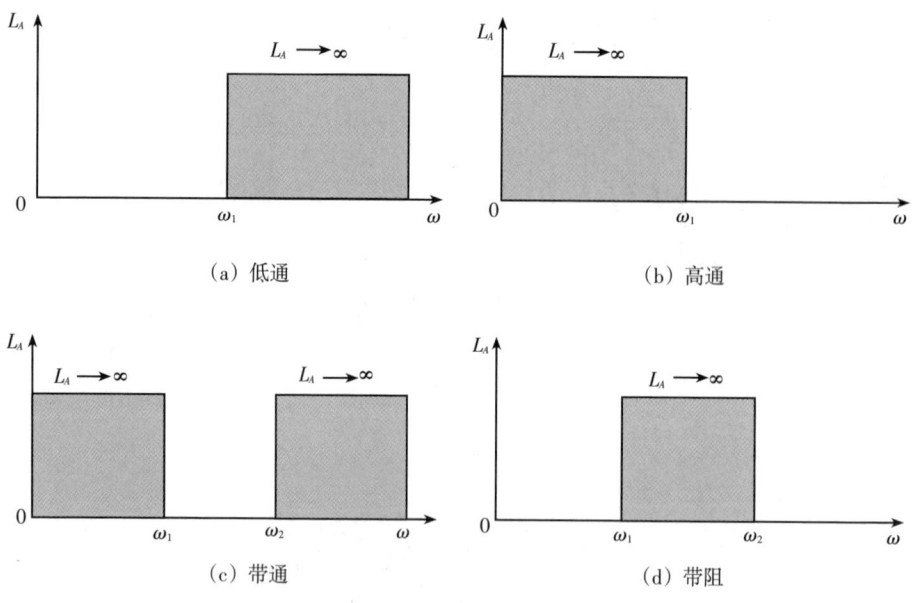

（a）低通 （b）高通 （c）带通 （d）带阻

图2-2 微波滤波器的频率响应特性

（1）最平坦低通滤波器

图2-3所示为最平坦低通滤波器的频率响应特性曲线[2]，图中L_{Ar}为通带内最大的插入损耗，Ω为归一化的角频率，Ω_c为归一化的通带截止频率，即$0\sim\Omega_c$频带范围为通带，频率超过Ω_c范围为阻带。这种特性滤波器的插入损耗

随Ω变化的数学表达式为

$$L_A(\Omega) = 10\lg(1 + \varepsilon\Omega^{2n}) \qquad (2\text{-}13)$$

其中

$$\varepsilon = 10^{\frac{L_{Ar}}{10}} - 1 \qquad (2\text{-}14)$$

最平坦滤波器的频率响应曲线可通过低通滤波器元件来实现，其插入损耗随Ω变化的数学表达式中的n对应实际电路中电抗元件的个数。这种响应特性的曲线之所以称为最平坦，主要是由于在Ω等于0处，有$2n-1$阶导数都为0。在实际的设计中，通带截止频率Ω_c一般定义在3 dB处。从最平坦滤波器插入损耗随Ω变化的函数表达式可知，该响应的传输极点在Ω等于0处，而其传输零点位于无穷远处。

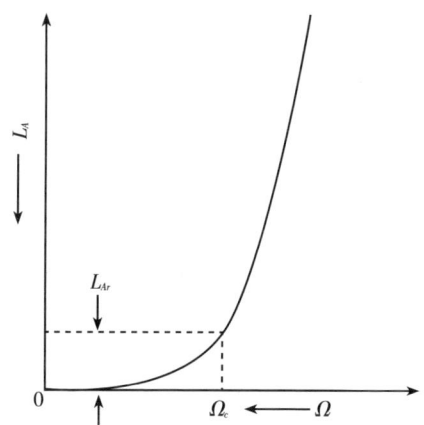

图2-3　最平坦低通滤波器的频率响应特性

（2）切比雪夫低通滤波器

图2-4所示为切比雪夫低通滤波器的频率响应特性曲线[2]，图中L_{Ar}为通带内最大的插入损耗，Ω_c为通带截止频率，0~Ω_c频带范围为通带，频率超过Ω_c范围为阻带，该滤波器的频率响应特性曲线具有通带内等纹的特性，其插入损耗随Ω变化的数学表达式为

$$L_A(\Omega) = 10\lg\left[1 + \varepsilon\cos^2(n\arccos^{-1}\Omega)\right]_{\Omega \leqslant 1} \qquad (2\text{-}15)$$

$$L_A(\Omega) = 10\lg\left[1 + \varepsilon\cosh^2(n\operatorname{arcosh}^{-1}\Omega)\right]_{\Omega \geqslant 1} \qquad (2\text{-}16)$$

其中

$$\varepsilon = 10^{\frac{L_{Ar}}{10}} - 1 \qquad (2\text{-}17)$$

切比雪夫频率响应特性曲线也可以通过一定的滤波器结构来实现，方程式（2-15）及式（2-16）中的 n 也是对应于实际电路中电抗元件的数目。切比雪夫滤波器与最平坦滤波器相比，具有更高的选择性，正是由于它的这个特点，该滤波器在实际设计中得到了较为广泛的应用。但是，如果滤波器的电抗元件有耗，那么任何类型滤波器的通带响应都会与无耗滤波器的通带响应不同，而切比雪夫滤波器受其影响更为严重。

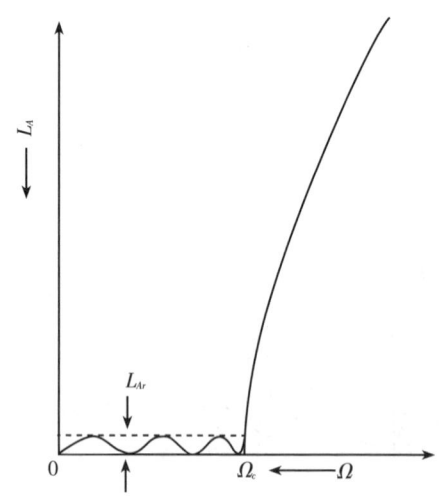

图2-4　切比雪夫低通滤波器的频率响应特性

（3）椭圆函数低通滤波器

图2-5所示为椭圆函数低通滤波器的频率响应特性曲线[4]，图中 L_{Ar} 为通带内最大的插入损耗，Ω_c 为通带截止频率，L_{As} 为阻带内最小的损耗，Ω_s 为阻带截止频率，$0 \sim \Omega_c$ 为通带，$\Omega_c \sim \Omega_s$ 为过渡带，频率大于 Ω_s 范围为阻带，其插入损耗随 Ω 变化的数学表达式为

$$L_A(\Omega) = 10\lg\left[1 + \varepsilon F_n^2(\Omega)\right] \qquad (2\text{-}18)$$

其中，当 n 为偶数时

$$F_n(\Omega) = M \frac{\prod\limits_{i=1}^{n/2}(\Omega_i^2 - \Omega^2)}{\prod\limits_{i=1}^{n/2}(\Omega_s^2/\Omega_i^2 - \Omega^2)} \tag{2-19}$$

当 n 为奇数时（$n > 3$）

$$F_n(\Omega) = N \frac{\Omega \prod\limits_{i=1}^{(n-1)/2}(\Omega_i^2 - \Omega^2)}{\prod\limits_{i=1}^{(n-1)/2}(\Omega_s^2/\Omega_i^2 - \Omega^2)} \tag{2-20}$$

式（2-19）和式（2-20）中，M，N 为常数，由滤波器的特性所决定，$0 < \Omega_i < 1$，$\Omega_s > 1$。

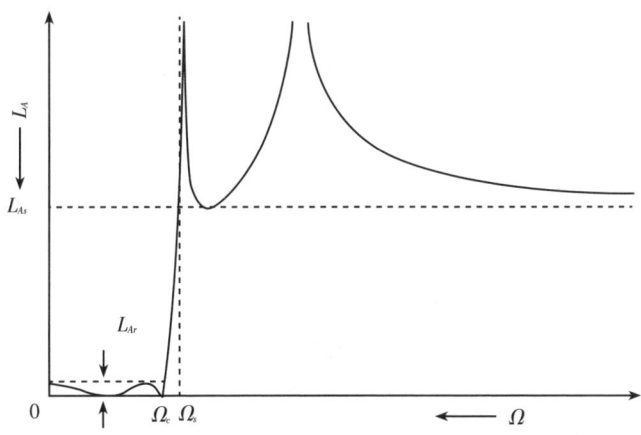

图 2-5 椭圆函数低通滤波器的频率响应特性

（4）广义切比雪夫低通滤波器

近年来，无线通信技术的迅猛发展，对滤波器的性能提出了更高要求，如何提高滤波器的选择性已成为当前的研究热点之一。传统的最平坦滤波器及切比雪夫滤波器的传输零点位于无穷远处，要实现较高的选择性，则需要通过增加滤波器的阶数来实现，但这势必会增加电路的整体尺寸。广义切比雪夫滤波器可以有效地解决这个问题，它可以在不增加滤波器阶数的情况下，通过实现非相邻谐振器之间的交叉耦合，在阻带范围引入任意传输零点，从而有效地提高滤波器的选择性。对于由 N 个谐振器组成的任何两端口无耗滤波器网络而言，它的转移函数和反射函数可表示为[109]

$$S_{11}(\omega) = \frac{F_N(\omega)}{E_N(\omega)}$$

$$S_{21}(\omega) = \frac{P_N(\omega)}{\varepsilon E_N(\omega)} \tag{2-21}$$

其中，ω 为频率，复频率变量 $s = \mathrm{j}\omega$。对于切比雪夫滤波函数而言，ε 为通带内的等纹

$$\varepsilon = \frac{1}{\sqrt{10^{RL/10} - 1}} \cdot \frac{P_N(\omega)}{F_N(\omega)}\bigg|_{\omega=1} \tag{2-22}$$

其中，RL 为反射损耗。对于无耗网络而言，$S_{11}^2 + S_{21}^2 = 1$，由方程（2-22）可以得到广义切比雪夫滤波器的转移函数表达式

$$S_{21}^2(\omega) = \frac{1}{1 + \varepsilon^2 C_N^2(\omega)} = \frac{1}{[1 + \mathrm{j}\varepsilon C_N(\omega)][1 - \mathrm{j}\varepsilon C_N(\omega)]} \tag{2-23}$$

其中

$$C_N = \frac{F_N(\omega)}{P_N(\omega)} \tag{2-24}$$

C_N 为 N 阶广义切比雪夫滤波函数，其表达式为

$$C_N(\omega) = \cosh\left[\sum_{n=1}^{N} \mathrm{arcosh}^{-1}(x_n)\right] \tag{2-25}$$

其中

$$x_n = \frac{\omega - \dfrac{1}{\omega_n}}{1 - \dfrac{\omega}{\omega_n}} \tag{2-26}$$

$\mathrm{j}\omega_n = s_n$ 为第 n 个传输零点在复平面上的位置。当所有的传输零点位置都位于无穷远处时，广义切比雪夫函数变成传统的切比雪夫函数的表达式，即

$$C_N(\omega)\big|_{\omega_n \to \infty} = \cosh(N\,\mathrm{arcosh}^{-1}\omega) \tag{2-27}$$

一般而言，低通原型滤波器的电路图如图 2-6 所示[4]，图中所有的元件都进行了归一化，以确保源阻抗或是电导等于 1，即 $g_0 = 1$，截止角频率也等于 1，即 $\Omega_c = 1(\mathrm{rad/s})$，$g_i(i = 1 \sim n)$ 代表串联电感或者是并联电容的值，n 代表电抗元件的个数。

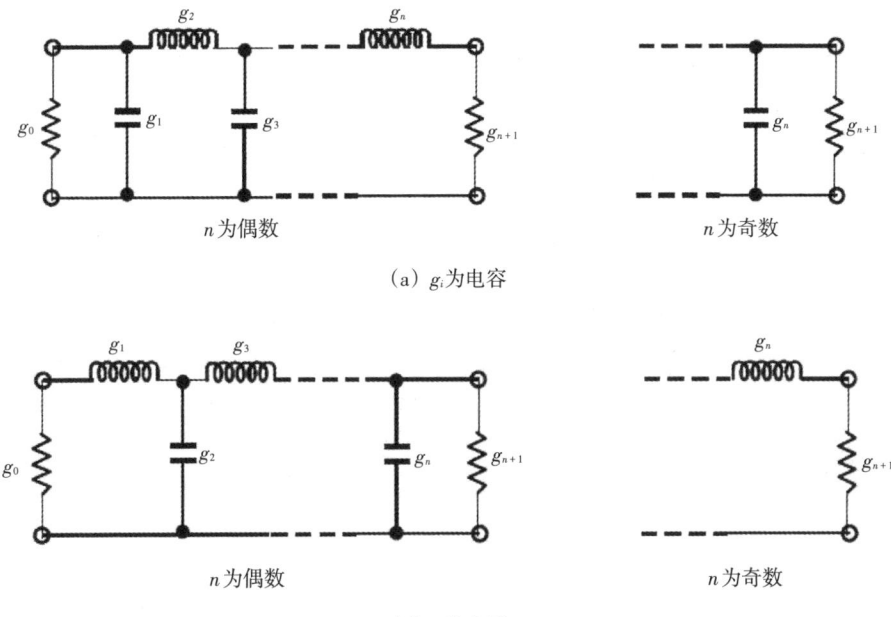

（a）g_i 为电容

n 为偶数　　　　　　　　　　　　　　　　　　　n 为奇数

（b）g_i 为电感

图 2-6　低通原型滤波器电路图

2.1.3　频率变换

在实际的电路设计中，为了得到所要求的频率特性及相应的元件值，一般先以低通原型滤波器为基础，再对其进行频率变换及元件变换，从而得到需要的电路结构。频率变换只对电抗元件有影响，对电阻元件没有影响。最常用的频率变换有以下几种[4]。

（1）低通变换

对于一个截止频率在 ω_c 的低通滤波器而言，其变换式为

$$\Omega = \left(\frac{\Omega_c}{\omega_c}\right)\omega \qquad (2-28)$$

其中，Ω_c 为低通原型滤波器的截止频率。

（2）高通变换

对于一个截止频率在 ω_c 的高通滤波器而言，其变换式为

$$\Omega = \frac{\omega_c \Omega_c}{\omega} \qquad (2-29)$$

其中，Ω_c 为低通原型滤波器的截止频率。

（3）带通变换

对于一个上边带及下边带截止频率分别为 ω_2 及 ω_1 的带通滤波器而言，其变换式为

$$\Omega = \frac{\Omega_c}{FBW}\left(\frac{\omega}{\omega_0} - \frac{\omega_0}{\omega}\right) \tag{2-30}$$

式中

$$FBW = \frac{\omega_2 - \omega_1}{\omega_0} \tag{2-31}$$

$$\omega_0 = \sqrt{\omega_1 \omega_2} \tag{2-32}$$

其中，FBW 为相对带宽，ω_0 为带通滤波器的中心频率。

（4）带阻变换

对于一个中心频率在 ω_0 的带阻滤波器而言，若其阻带的绝对带宽为 $\Delta\omega$，则其阻带的相对带宽 $FBW = \Delta\omega/\omega_0$，其变换式为

$$\Omega = \frac{\Omega_c FBW}{\omega_0/\omega - \omega/\omega_0} \tag{2-33}$$

2.2 微带超宽带滤波器

随着无线通信技术的迅猛发展，人们对无线通信系统也提出了更高的要求。在当今社会，家庭网络得到了较为广泛的应用，短距离通信是未来无线通信技术的发展的一个方向。在此背景下，超宽带（ultra wideband, UWB）无线通信技术得到了较为广泛的关注，它能在短距离通信中实现较高的数据传输速率。由于其发射的脉冲信号较窄，平均功率较小，从而信号的隐蔽性较好，安全性较高，难以被检测到[6]。此外，它还具有穿透能力强等特点，超宽带无线通信在现代无线通信中具有极大的发展潜力。自 2002年美国联邦通信委员会（FCC）释放了 3.1~10.6 GHz 段频率以来，超宽带技术得到了进一步发展，这对各种超宽带元器件也提出了更高的要求。滤波器在通信系统中具有十分重要的作用，超宽带带通滤波器研究已成为当前超宽带元器件的研究热点之一。

2.2.1 通带内具有单阻带的超宽带滤波器

超宽带无线通信系统对超宽带带通滤波器提出了较高的要求，国际上许

多学者对超宽带滤波器进行了相关研究。目前，关于超宽带带通滤波器的研究主要集中于如何在中心频率6.85 GHz实现110%的相对带宽，即通带范围为3.1~10.6 GHz；如何保证通带性能，即具有良好的回波损耗；如何保证带外特性；如何保证较小的群时延变化；结构简单，成本低等。由于超宽带带通滤波器覆盖的频段较宽，其中还包括其他频段，如无线局域网（wireless local area network，WLAN）5.725~5.825 GHz等频段的信号，为了进一步提高超宽带滤波器的性能，需要对这些信号进行有效抑制，如何在保证通带性能的情况下，对以上无线信号进行抑制已成为当前超宽带滤波器研究的热点和难点之一。本小节针对以上问题，介绍了通带内具有单阻带特性的微带超宽带滤波器，其结构如图2-7所示[110]。

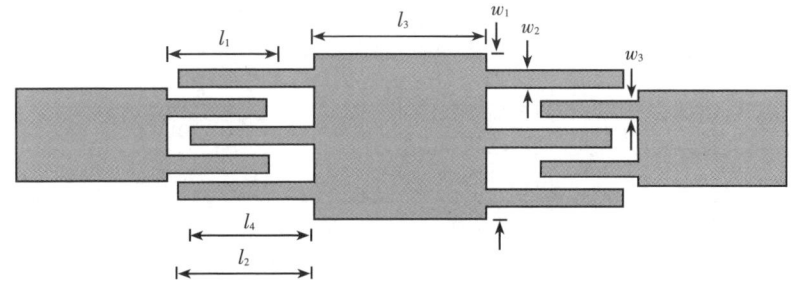

图2-7 通带内具有单阻带的微带超宽带滤波器

由图2-7可知，该电路由一个改进形式的阶梯阻抗谐振器及两个交指状的馈线单元组成。这种改进形式的阶梯阻抗谐振器具有两个明显的优点：第一，它能实现超宽带的通带带宽范围；第二，能在通带内产生阻带。为了详细说明以上特点，首先对该谐振器的特性进行研究。图2-8所示为改进型阶梯阻抗谐振器，其中，Z_1为改进型阶梯阻抗谐振器低阻抗线的特性阻抗，Z_o为改进型阶梯阻抗谐振器两边平行耦合线的奇模阻抗，Z_e为改进型阶梯阻抗

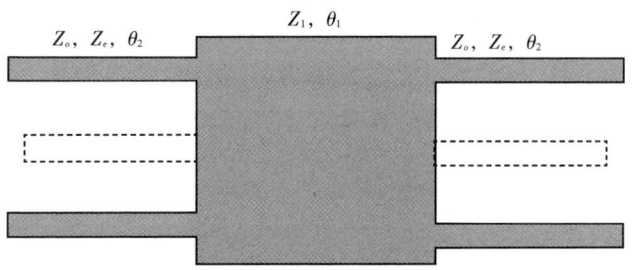

图2-8 改进型阶梯阻抗谐振器

谐振器两边平行耦合线的偶模阻抗，θ_2为改进型阶梯阻抗谐振器两边平行耦合线的电长度。由图2-8可知，该谐振器由中间的低阻抗及两端的多根高阻抗线组合而成，若先考虑两边的高阻抗线分别只有两根的情况，即分别没有中间的高阻抗线，并且两边的两根高阻抗线均为对称的形式，如图2-8中实线部分的电路所示，该谐振具有多谐振点的特性。通过调节中间低阻抗谐振器及两端高阻抗谐振器的阻抗和电尺寸，即可控制谐振器的谐振点的位置，并将多个谐振点放置在所需的频段范围内，从而实现超宽带的通带带宽。表2-1为谐振器的低阻抗及高阻抗在不同电尺寸情况下通带范围内谐振点的个数。

表2-1   通带内谐振点个数随电尺寸的变化情况

Z_1/Ω	$\theta_1/(°)$	Z_2/Ω	Z_3/Ω	$\theta_2/(°)$	f
29.6	7	47.1	151	101.9	1
29.6	36	47.1	151	101.9	2
29.6	141.9	47.1	151	101.9	3
29.6	36	47.1	151	65.2	1
29.6	36	47.1	151	89.7	2
29.6	36	47.1	151	176.1	3

由表2-1可知，适当调节谐振器的低阻抗线和高阻抗线的电尺寸可以控制通带内谐振点的个数，即可有效地控制通带带宽的范围。图2-9给出了在

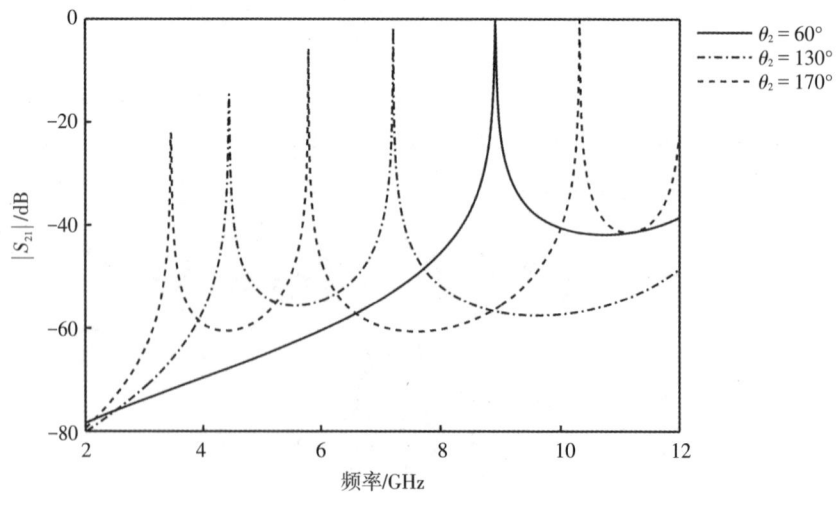

图2-9   谐振点位置随θ_2变化曲线

不同θ_2的情况下，谐振点位置的变化曲线。图中所示的三条曲线均是在$Z_1 = 29.6\ \Omega$，$\theta_1 = 36°$，$Z_o = 47.1\ \Omega$，$Z_e = 151\ \Omega$的情况下求得的。由图可知，当$\theta_2 = 60°$时，通带内只有一个谐振点；当$\theta_2 = 130°$时，通带内有两个谐振点；当$\theta_2 = 170°$时，通带内有三个谐振点。由此可得，通过调节高阻抗线的电长度，可灵活地控制通带内谐振点的个数，从而有效地控制通带带宽。同样，适当地调节高、低阻抗线的阻抗，也能有效地控制谐振点在通带内的位置。表2-2为谐振器的高、低阻抗线在不同阻抗下时，通带内谐振点的位置变化情况。

表2-2　通带内谐振点位置随阻抗的变化

Z_1/Ω	$\theta_1/(°)$	Z_o/Ω	Z_e/Ω	$\theta_2/(°)$	f_1/GHz	f_2/GHz
29.6	36	47.1	151	130	4.44	7.21
47.6	36	47.1	151	130	4.3	7.76
65.3	36	47.1	151	130	4.18	8.09
29.6	36	47.1	142.6	130	4.43	7.28
29.6	36	47.1	157.3	130	4.44	7.16
29.6	36	47.1	169.2	130	4.45	7.06

由表2-2可知，通过调节谐振器的高、低阻抗线的阻抗值，可以改变通带内谐振点的位置。当谐振器中间的低阻抗线阻抗值增加时，通带内第一个谐振点开始向低频方向移动，而通带内的第二个谐振点开始向高频方向移动，即两个谐振点的位置离得越来越远。当谐振器两边的平行耦合线的偶模阻抗增大时，第一个谐振点开始往高频方向移动，而第二个谐振点开始往低频方向移动，即两个谐振点之间的距离越来越近。图2-10给出了不同Z_1时，谐振点的位置变化情况。由图2-10可知，通过调节谐振器的阻抗也可控制通带内谐振点的位置。由以上分析可知，通过调节谐振器的尺寸，可以实现超宽带的带通特性。图2-11给出了Ansoft HFSS仿真软件计算得到的利用以上结构所实现的超宽带带通滤波器的频率响应曲线。电路的具体尺寸见表2-3所示。

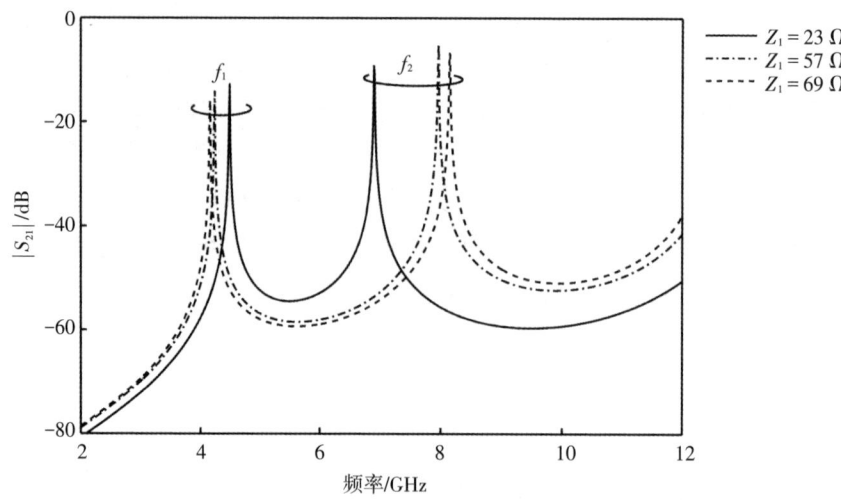

图 2-10 谐振点位置随 Z_1 的变化曲线

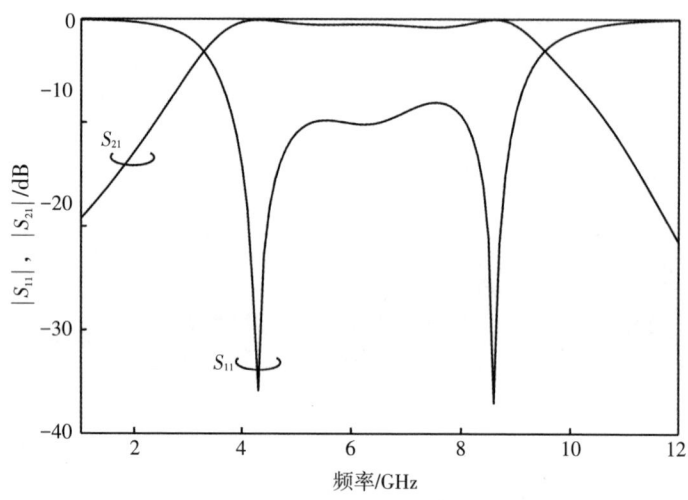

图 2-11 超宽带带通滤波器的频率响应曲线

表 2-3 超宽带滤波器的电路结构参数 （一）

电路参数	单位/mm	介质基片参数
w_1	1.5	
w_2	0.1	相对介电常数 $\varepsilon_r = 9.6$
l_1	4.9	厚度 $h = 0.8\,\mathrm{mm}$
l_2	5.6	

表2-3（续）

电路参数	单位/mm	介质基片参数
l_3	1.9	
l_4	5.5	相对介电常数$\varepsilon_r = 9.6$
d_1	0.7	厚度$h = 0.8$ mm
d_2	0.3	

由于超宽带的带宽范围内存在其他无线信号的干扰（如 WLAN 中的 5.725~5.825 GHz 信号等），为了进一步提高超宽带滤波器的性能，就需要有效地抑制通带内其他的无线信号，即在通带内所需要的位置产生一个或多个阻带。为了解决上述问题，对谐振器进行了改进，如图2-8中的虚线部分所示，即在原来谐振器两边的高阻抗线之间分别增加一根高阻抗线，并且其宽度等于原来的高阻抗线的宽度，这种改进型的谐振器的优点是既能保持原来的谐振特性，又能在不额外增加电路尺寸的情况下在通带内所需要的位置产生一个阻带。通过调节两根增加的高阻抗线的电尺寸，可以有效地控制阻带的位置。图2-12给出了仿真计算得到的通带内的阻带位置随高阻抗线的电尺寸的变化情况。由图2-12可知，随着l_4的不断增加，阻带位置逐步向低频方向移动，因此，可以通过适当调节增加的高阻抗线的电尺寸，在通带内所需要的位置产生相应的阻带。

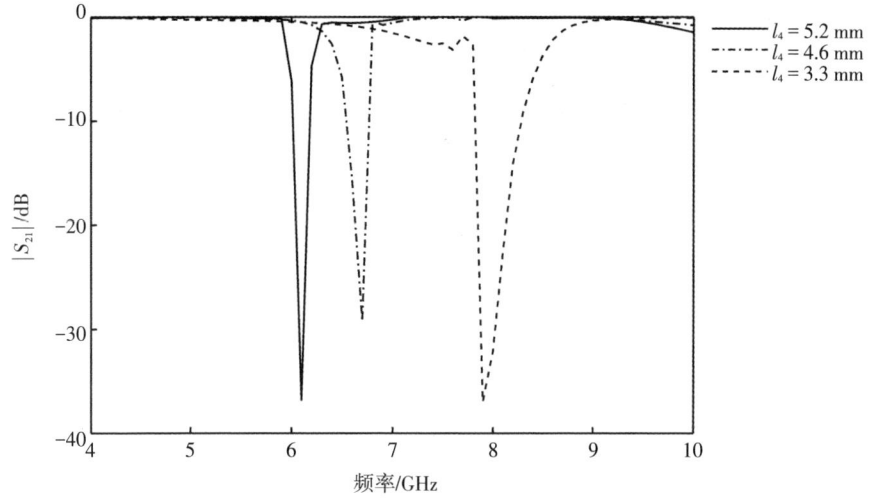

图2-12　通带内阻带位置随l_4的变化曲线

为了验证所提出的超宽带滤波器的性能，利用Ansoft HFSS仿真软件对其工作性能进行考察，并用矢量网络分析仪对其性能进行了相关测试，图 2-13给出了该滤波器的仿真及测试结果。由图可知，仿真计算得到的3 dB超宽带频率范围为2.62~10.35 GHz，测试得到的范围为2.67~10.24 GHz；仿真得到的阻带中心频率为5.775 GHz，而测试得到的此频率点的传输系数值为-13.82 dB，具有较好的衰减特性。图2-14所示是该滤波器的样件图，在该设计中，选用的介质的相对介电常数为 $\varepsilon_r = 9.6$，厚度 $h = 0.8$ mm。表2-3为该滤波器的电路结构参数，由表可知该滤波器的总体电路尺寸为13.3 mm × 1.5 mm，由此可见，上述通带内的阻带的新型超宽带微带滤波器不仅具有良好的工作性能，还有效地实现了电路的小型化，而且具有阻带位置灵活可调的特性。

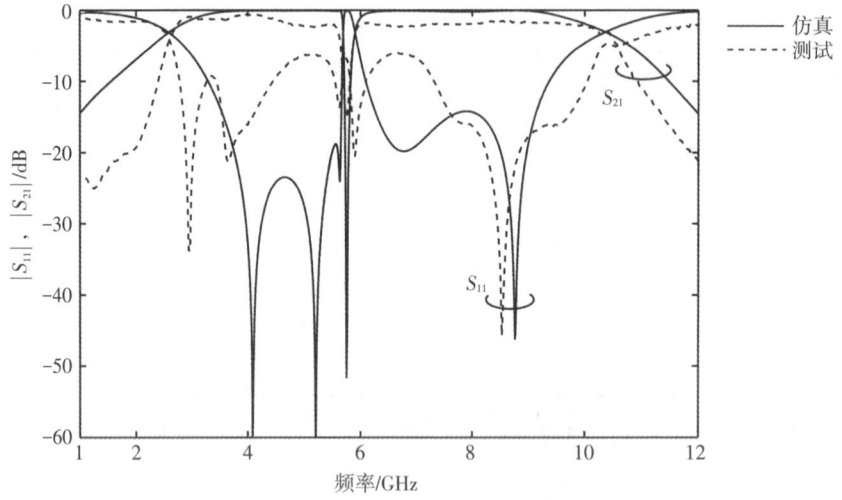

图2-13　仿真和测试的频率响应曲线（一）

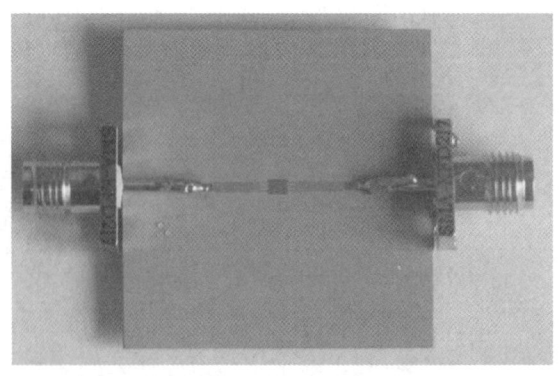

图2-14　超宽带滤波器加工实物图（一）

由前面的分析可知，通过改变谐振器即可在超宽带的通带范围内产生阻带，并且阻带的位置可以灵活控制。基于上述原理，一种可在超宽带的通带范围内产生阻带的谐振器结构如图2-15所示。由图可知，该谐振器是在原有的多谐振点谐振器的基础上进行了改进，即把原来的多谐振点谐振器两边的高阻抗线变为了不对称的形式。从前面的分析可以知道，中间为低阻抗线，两边为对称的高阻抗线的多谐振点谐振器能够实现超宽带的通带特性，若将两边对称的高阻抗线变为不对称的形式，即将其中一根高阻抗线的电长度加长，可在不额外增加电路尺寸的情况下在超宽带的通带范围内产生一个阻带，并且该阻带的位置可以被灵活控制。利用该谐振器的这个特性，设计的另一种通带内具有一个阻带特性的超宽带滤波器的结构如图2-16所示[111]。

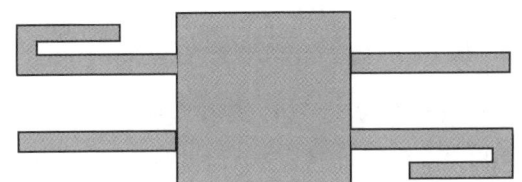

图2-15 非对称高阻抗线谐振器

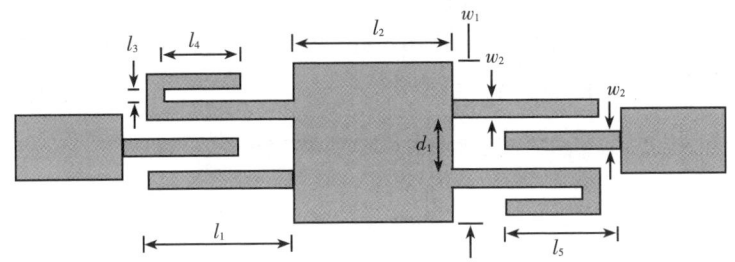

图2-16 通带内具有一个阻带的超宽带滤波器

为了说明这种非对称高阻抗线对通带内阻带位置的影响，利用Ansoft HFSS仿真软件对其进行了仿真计算，图2-17给出了仿真计算得到的通带内阻带位置随增加的高阻抗线的长度l_4变化时的移动情况。从图上可以看到，随着l_4的增加，阻带频率逐渐向低频方向移动，因此，可以通过适当调节l_4的值来控制阻带的位置。

为了验证该滤波器的性能，利用Ansoft HFSS和CST两种仿真软件对所提出的通带内具有一个阻带的超宽带滤波器进行了仿真计算，在该设计中，

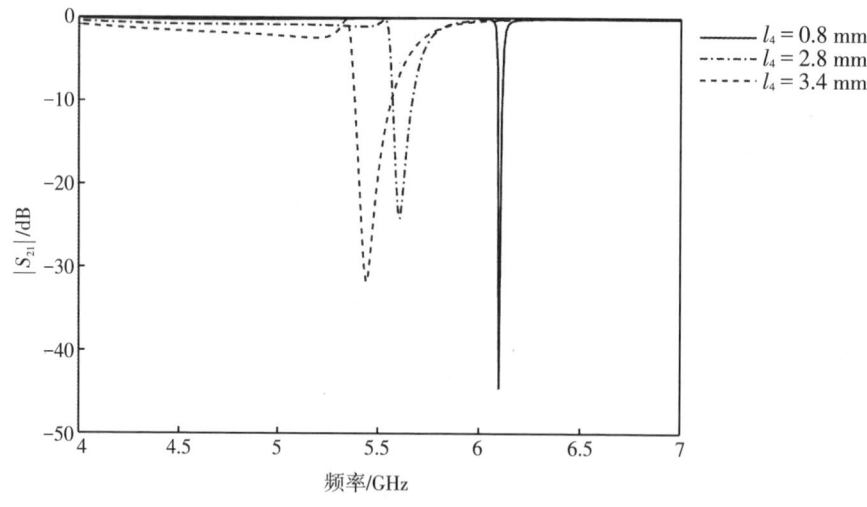

图2-17　通带内阻带位置随l_4的变化曲线

选用的介质的相对介电常数为$\varepsilon_r = 9.6$，厚度$h = 0.8$ mm。图2-18给出了仿真计算的结果。由图可知，CST计算得到的3 dB超宽带范围为3.07~9.92 GHz，Ansoft HFSS仿真计算的结果为3.06~9.53 GHz；在CST计算的结果中，阻带的中心频率在5.86 GHz，Ansoft HFSS计算出的阻带中心频率位于5.77 GHz。两种仿真软件的计算结果吻合得比较好，该电路的结构参数如表2-4所示。从表中的数据可知该滤波器的总体电路尺寸为12 mm × 1.5 mm，由此可见，该滤波器很好地实现了电路的小型化。

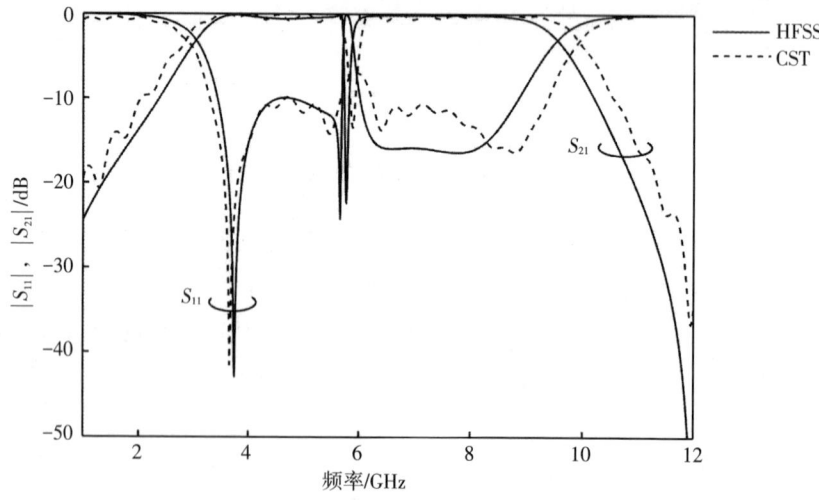

图2-18　HFSS和CST仿真计算得到的频率响应曲线

表2-4 超宽带滤波器的电路结构参数（二）

电路参数	单位/mm	介质基片参数
w_1	1.5	
w_2	0.1	
l_1	4.9	
l_2	2	相对介电常数$\varepsilon_r = 9.6$
l_3	0.1	厚度$h = 0.8$ mm
l_4	2.4	
l_5	4.6	
d_1	0.3	

　　上述两种超宽带滤波器均是基于谐振器改进的，从而实现超宽带通带范围内具有一个阻带的特性。下面将介绍另外一种基于对馈线的改进实现的通带内具有一个阻带特性的超宽带滤波器，其结构如图2-19所示[112]。由图2-19可知，该滤波器是由前面提到的多谐振点谐振器及一种改进型的馈线组合而成的。由前面的分析已经知道，多谐振点谐振器能够实现超宽带的通带带宽范围，而这种改进形式的馈线则能在不需要额外增加电路尺寸的基础上实现通带范围内有一个阻带的特性，并且阻带的位置可以通过调节电长度l_4来控制，图2-20给出了阻带位置随l_4改变时的变化曲线。由图2-20可知，随着l_4变大，阻带位置逐步向低频方向移动，因此，可以通过适当调节l_4来灵活地控制阻带的位置。

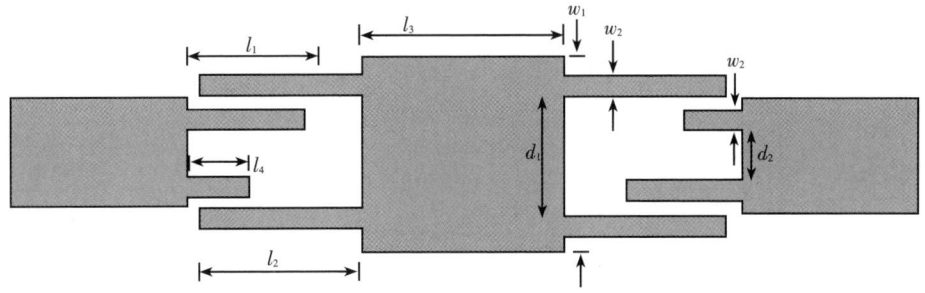

图2-19 超宽带滤波器的结构示意图

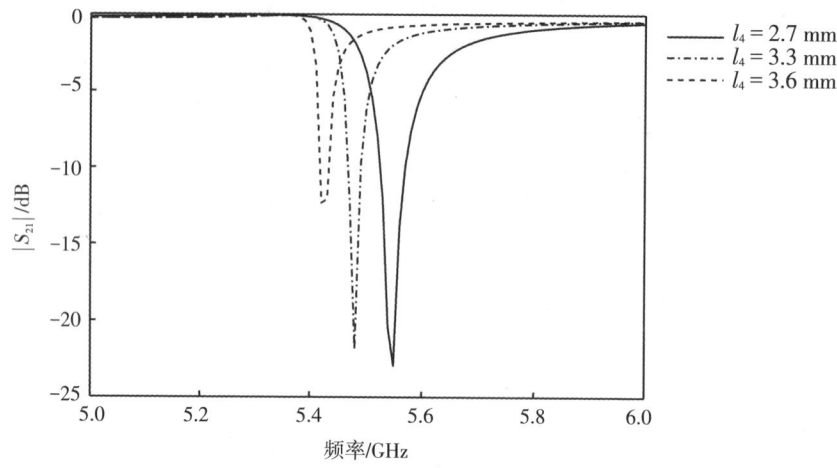

图 2-20 通带内阻带位置随 l_4 的变化曲线

利用 Ansoft HFSS 仿真软件对该滤波器的性能进行了仿真计算，并使用矢量网络分析仪对其性能进行了相关测试，图 2-21 为该滤波器的仿真及测试结果。从图上可以看出，仿真计算得到的 3 dB 超宽带范围为 3.47～9.98 GHz，而测试得到的结果为 3.83～9.50 GHz；测试得到在阻带频率 5.98 GHz 处的传输系数为 -12.65 dB，仿真与测试结果吻合得比较好。图 2-22 所示是该滤波器的样件图，该滤波器的电路结构参数如表 2-5 所示，从表中的参数可知该滤波器的总体电路为 13 mm × 1.5 mm。由此可见，利用改变馈线实现通带内具有一个阻带特性的新型超宽带微带滤波器不仅具有良好的工作性能，而

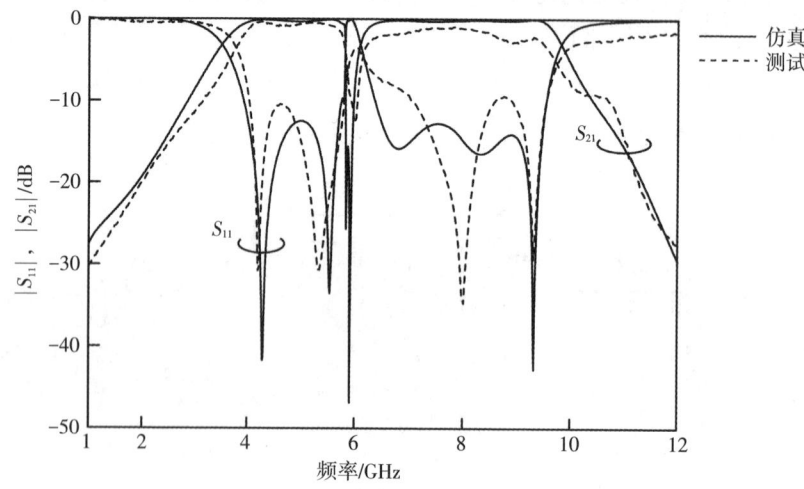

图 2-21 仿真和测试的频率响应曲线（二）

且结构简单，还有效地实现了电路的小型化，同时，具有阻带灵活可调的特性。

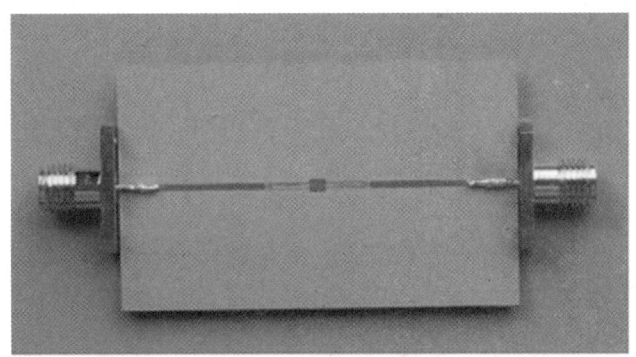

图2-22 超宽带滤波器加工实物图（二）

表2-5 超宽带滤波器的电路结构参数（三）

电路参数	单位/mm	介质基片参数
w_1	1.5	
w_2	0.1	
l_1	4.6	
l_2	5.2	相对介电常数$\varepsilon_r = 9.6$
l_3	2.0	厚度$h = 0.8$ mm
l_4	1	
d_1	0.5	
d_2	0.1	

2.2.2 通带内具有双阻带的超宽带滤波器

在前一小节中，主要介绍了在超宽带通带范围内如何实现单个阻带的超宽带滤波器。随着超宽带无线通信技术的迅猛发展，对超宽带滤波器也提出了更高的要求，通带范围内单个阻带已不能满足要求，学者纷纷开始研究如何在超宽带的通带范围内实现多个阻带[47-50]，但大多数情况是以增加电路的尺寸及复杂性来实现通带内的两个阻带[48]。针对这一情况，本小节介绍一种结构简单、易于实现的具有双阻带的超宽带滤波器。该滤波器不仅具有良好的通带性能，而且能实现通带范围内两个阻带独立可调，并且电路结构简单，整体尺寸较小，能很好地适用于超宽带无线通信系统[113]。

图2-23所示为该超宽带滤波器的结构示意图，由图可知该滤波器是由

前面所提出的超宽带通带内具有单阻带特性的超宽带滤波器及一个U形的DGS单元（如图中虚线部分所示）组成的。根据前面的分析已经知道，通过调节这种改进型的阶梯阻抗谐振器中间的高阻抗线的电尺寸即可控制一个阻带的位置，而增加的U形的DGS单元可在通带范围内再产生一个阻带，为了进一步说明这一点，先对DGS单元进行分析。

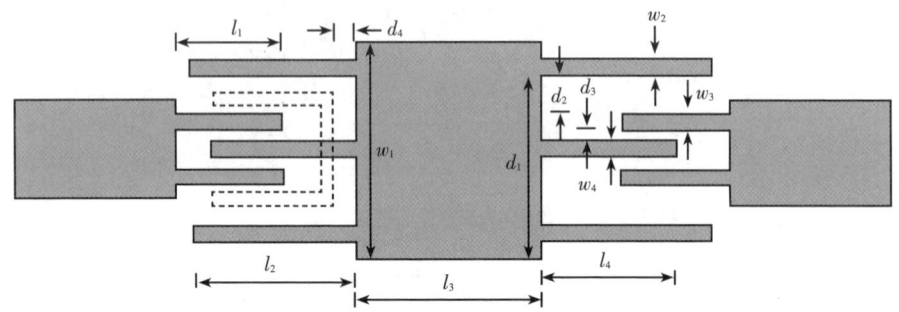

图2-23　通带内具有双阻带的超宽带滤波器

图2-24给出了该DGS单元的结构图及其等效电路图。这种U形结构的DGS单元能够干扰地平面上的电流，从而改变传输线上的传输特性，即能够产生阻带，因此，阻带的谐振频率可以通过调节DGS单元的物理尺寸来控制。其等效电路的电路参数可表示为[114]

$$C = \frac{\omega_c}{2Z_0} \cdot \frac{1}{\omega_0^2 - \omega_c^2} \tag{2-34}$$

$$L = \frac{1}{4\pi^2 f_0^2 C} \tag{2-35}$$

其中，ω_c为3 dB带宽的截止角频率，ω_0为谐振角频率，Z_0为传输线的特性阻抗，f_0为谐振极点的位置。

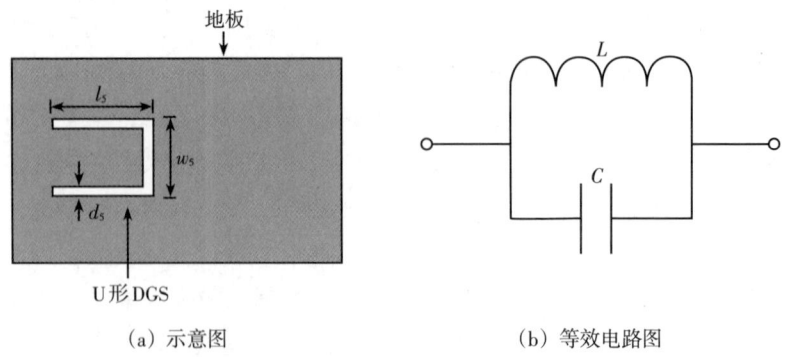

（a）示意图　　　　　　　　　（b）等效电路图

图2-24　U形DGS单元

先对这种U形的DGS单元对传输线的影响做一个分析，即将所提出的U形DGS单元放置在特性阻抗为50 Ω的传输线的正下方，如图2-25所示。利用Ansoft HFSS仿真软件对图2-25中的结构进行仿真计算，得到了如图2-26所示的频率响应曲线。由图可知，该DGS单元能够影响传输线的传输特性，且具有带阻特性，该DGS单元不同的物理尺寸对应着不同的阻带位置，即可通过适当调节DGS单元的物理尺寸来控制阻带的位置。在仿真计算图2-26中的频率响应曲线时，d_5均固定在0.1 mm。由图2-26仿真计算的结果，再通过等效电路参数的计算式（2-34）、式（2-35），可以得到其相应的电路参数，如表2-6所示。从表中数据可以看到，当U形DGS的尺寸增加时，其等效电容值降低了，而其等效电感值增加了，正是由于其等效电感值的增加，其阻带的谐振频率向低频方向移动，如图2-26所示。

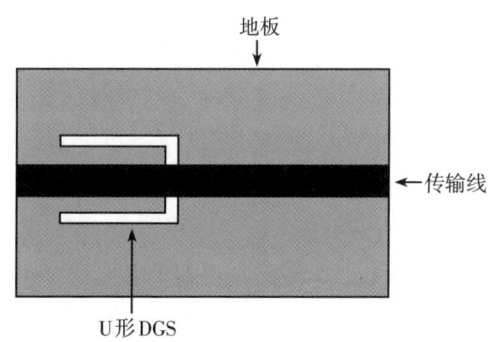

图2-25　U形DGS单元

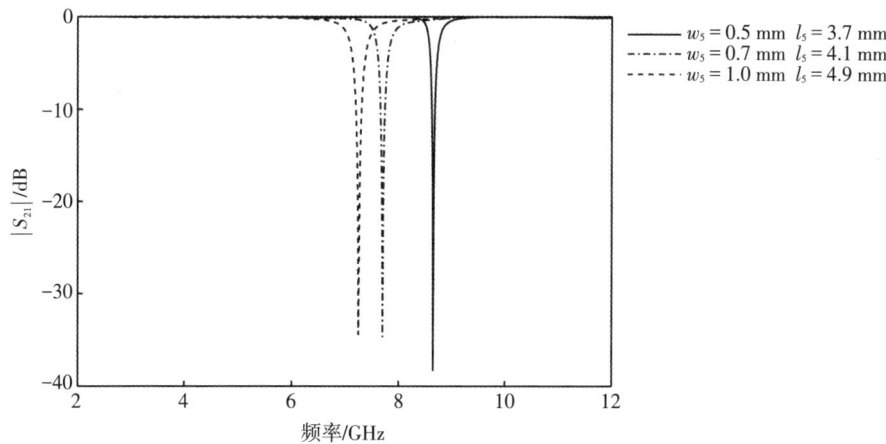

图2-26　U形DGS单元的传输特性随w_5，l_5的变化情况

表2-6　提取的等效电路参数

w_5/mm	l_5/mm	共振频率/GHz	截止频率/GHz	电容/pF	电感/nH
0.5	3.7	8.65	8.57	9.901	0.034
0.7	4.1	7.70	7.58	6.579	0.065
1.0	4.9	7.25	7.09	4.918	0.098

　　由前面的分析可知，在多谐振点谐振器两边的高阻抗线之间再加载一根高阻抗线可产生一个阻带，U形DGS单元也可产生一个阻带，基于以上两点，设计的通带内具有双阻带特性的超宽带滤波器结构，如图2-23所示。低频的阻带位置由加载的高阻抗线来控制，而高频的阻带位置由U形DGS单元来控制，并且两个阻带的位置独立可调。先不在地平面引入U形DGS结构，即只有馈线及改进型的多谐振点谐振器，通过适当调节l_4的位置，将低频的阻带位置控制在5.7 GHz左右；在此电路的基础上，再引入U形DGS单元，通过调节U形DGS单元的物理尺寸将高频阻带位置控制在8 GHz左右；并且，在调节U形DGS单元时可以观察到低频阻带的位置并没有随高频阻带位置的变化而发生大幅度的变化，图2-27给出了调节U形DGS单元时，两个阻带位置的变化情况。由图2-27可知，当U形DGS单元的物理尺寸发生改变时，高频阻带的位置随之改变较大，而低频阻带的位置受其影响较小，基本维持在原位置。由此可见，通带范围内的两个阻带位置独立可调。

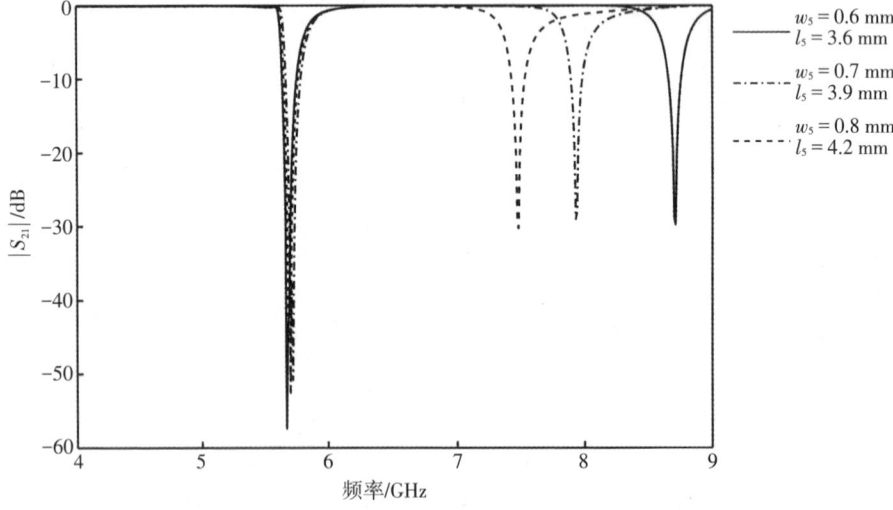

图2-27　U形DGS单元对两个阻带的影响

利用Ansoft HFSS仿真软件对该滤波器的性能进行了仿真计算，并使用矢量网络分析仪对其性能进行了相关测试，图2-28所示为该滤波器的仿真及测试结果。由图2-28可知，测试得到的3 dB超宽带范围为2.64~10.27 GHz，测试得到的低频阻带频率在5.74 GHz，此处的传输系数为−15.55 dB，而高频的阻带频率在7.86 GHz，此处的传输系数为−15.43 dB。图2-29所示为该滤波器的样件图，该滤波器的电路结构参数如表2-7所示，从表中的参数可知该滤波器的总体电路尺寸为13.8 mm×1.5 mm。由此可见，这

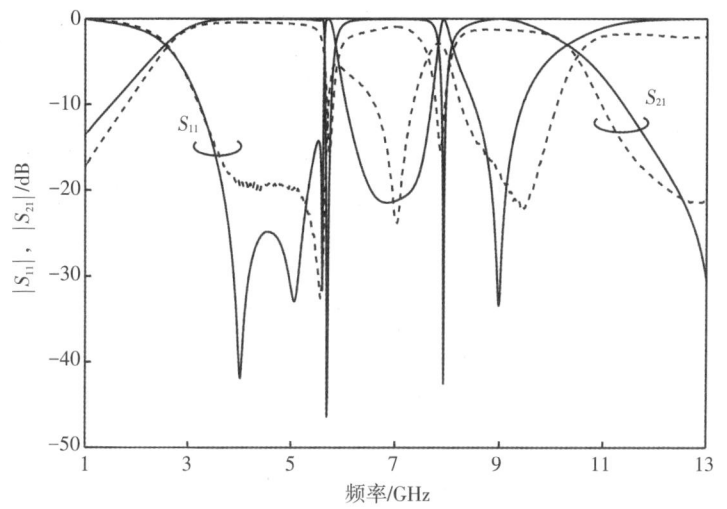

图2-28　仿真和测试的频率响应曲线(三)

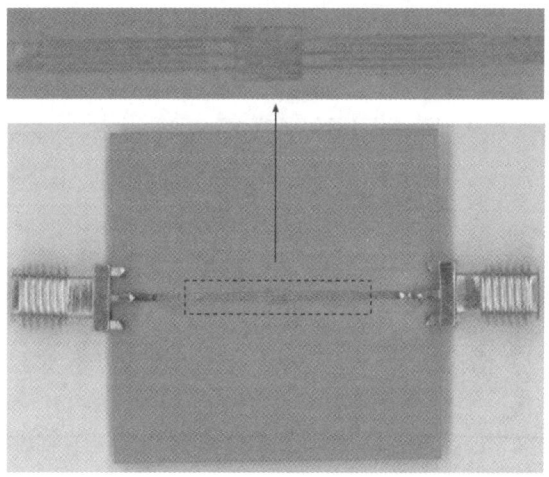

（a）俯视图

（b）后视图

图 2-29　滤波器加工实物图

种通带内具有双阻带特性的超宽带微带滤波器不仅具有良好的工作性能，而且结构简单，还能够有效地实现电路的小型化，同时，具有两个阻带分别独立可调及结构紧凑的明显优势。

表 2-7　超宽带滤波器的电路结构参数（四）

电路参数	单位/mm	介质基片参数
w_1	1.5	
w_2	0.1	
w_3	0.1	
w_4	0.1	
w_5	0.7	
l_1	4.9	
l_2	5.6	
l_3	2.0	相对介电常数 $\varepsilon_r = 9.6$
l_4	5.6	厚度 $h = 0.8$ mm
l_5	4.1	
d_1	0.7	
d_2	0.1	
d_3	0.1	
d_4	2.6	

2.3 微带双模滤波器

随着无线通信系统的发展，对微波滤波器提出了更高的要求，高性能、小型化是未来的发展趋势。在微波滤波器的小型化设计中，平面双模滤波器以其高性能、结构紧凑等特点受到了较多的关注。本小节介绍了基于中心加载的双模谐振器，通过引入L形馈线，在阻带范围产生了三个传输零点，从而有效地提高了滤波器的选择性[115]。

2.3.1 中心加载双模谐振器

中心加载双模谐振器如图2-30所示。由图可知，该谐振器是由半波长的谐振器和一个T形的开路支节组合而成的。由于其结构的对称性，利用奇偶模理论对其进行分析。

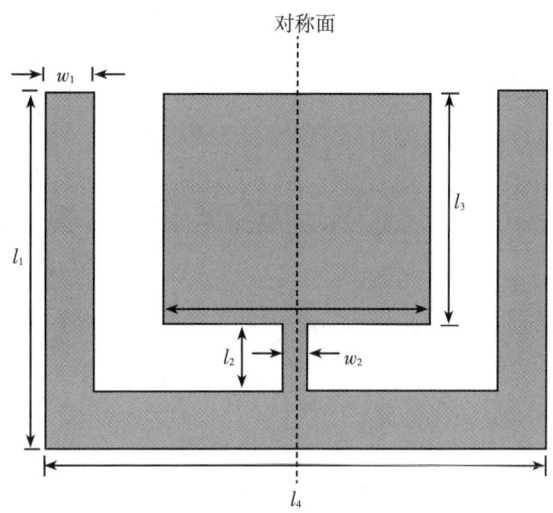

图2-30 中心加载双模谐振器

对于奇模谐振模式而言，对称面相当于短路面，即对称面相当于电壁，其等效电路如图2-31（a）所示，此时的输入导纳为

$$Y_{ino} = \frac{1}{jZ_1 \tan \theta_1} \qquad (2-36)$$

其中 Z_1 和 θ_1 分别为半波长谐振器的特性阻抗和电长度。当电路谐振时，输入导纳为零，此时，奇模的谐振频率为

$$\theta_1 = \frac{\pi}{2} \tag{2-37}$$

同样地，对于偶模谐振模式而言，对称面相当于开路面，即对称面相当于磁壁，其等效电路如图2-31（b）所示。由图可知，原来的谐振器上加载有支节，因此，可以通过调节加载支节的尺寸来控制偶模的谐振频率的位置，使其靠近奇模谐振频率，从而实现双模滤波器的功能。对于偶模谐振电路而言，此时的输入阻抗为

$$Y_{ine} = \frac{2Z_1Z_2\tan\theta_3 + 2Z_1Z_3\tan\theta_2 + 4Z_2Z_3\tan\theta_1 - 4Z_2^2\tan\theta_1\tan\theta_2\tan\theta_3}{\mathrm{j}\left(-4Z_1Z_2Z_3 + 4Z_1Z_2^2\tan\theta_2\tan\theta_3 + 2Z_1^2Z_2\tan\theta_1\tan\theta_3 + 2Z_1^2Z_3\tan\theta_1\tan\theta_2\right)}$$

$$\tag{2-38}$$

其中，Z_2、θ_2、Z_3、θ_3分别为加载支节的特性阻抗和电长度。当电路谐振时，输入导纳为零，此时，偶模的谐振频率为

$$2Z_1Z_2\tan\theta_3 + 2Z_1Z_3\tan\theta_2 + 4Z_2Z_3\tan\theta_1 - 4Z_2^2\tan\theta_1\tan\theta_2\tan\theta_3 = 0 \tag{2-39}$$

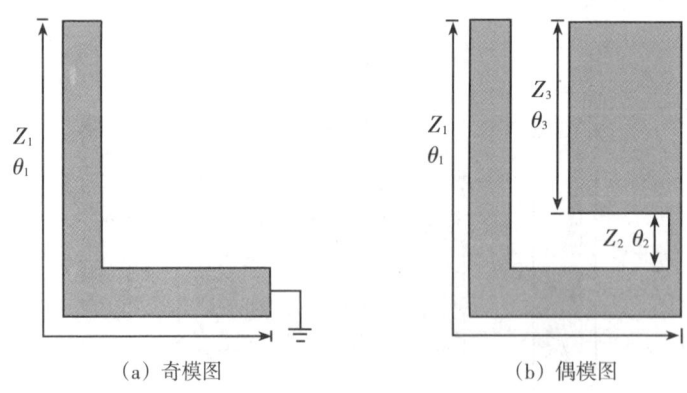

（a）奇模图　　　　　　　（b）偶模图

图2-31　奇偶模电路图

为了进一步说明该双模谐振器奇偶模谐振的工作情况，利用仿真软件IE3D对该谐振器的谐振情况进行仿真计算，得到了在弱耦合情况下的奇偶模谐振频率，如图2-32所示。由图可知，当$w_3 = 4.7$ mm时，偶模的谐振频率高于奇模的谐振频率，此时，偶模旁边还有一个传输零点，如图中实线所示；当$w_3 = 5.7$ mm时，奇模和偶模的谐振频率重合在一起，此时，奇偶模两边没有传输零点；而当$w_3 = 6.7$ mm时，奇模的谐振频率高于偶模的谐振频率，此时，原来靠近偶模的传输零点从右边移到了左边。在仿真得到的三种情况中，只有偶模的谐振频率及传输零点的位置随w_3变化，而奇模谐振频率始终维持在原位置，没有发生改变。由此可知，适当地调节谐振器的尺寸，可在

通带附近产生一个传输零点。图2-33给出了奇偶模谐振频率及传输零点的位置随 w_3 的变化曲线，随着 w_3 的增加，偶模谐振频率开始向低频方向移动，而奇模的谐振频率保持不变，同时，传输零点的位置也开始向低频方向移动，当奇偶模重叠的时候，传输零点消失。

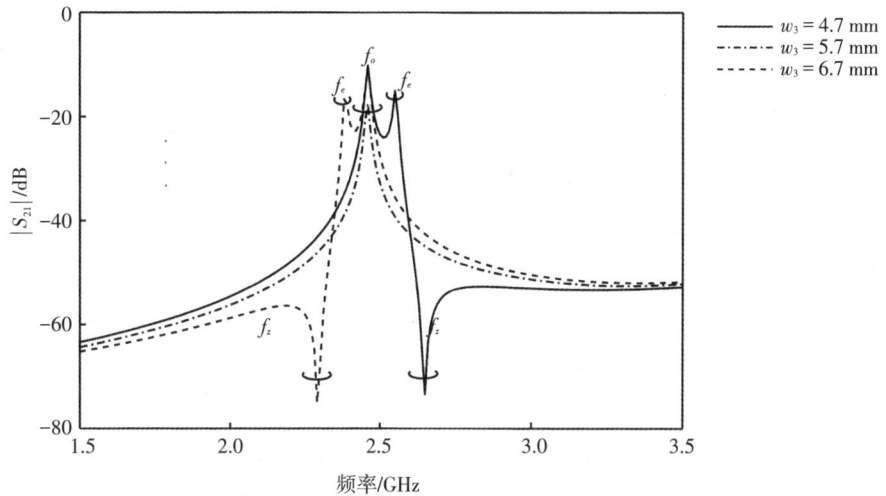

图2-32 奇偶模谐振频率及零点位置

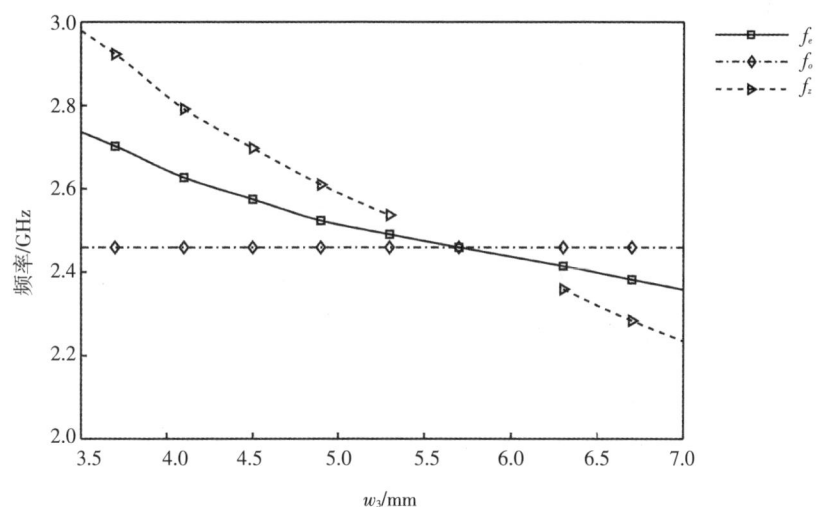

图2-33 奇偶模及传输零点的变化曲线

2.3.2　双模滤波器

为了进一步提高滤波器的选择性，通过引入L形馈线结构，实现了具有三个传输零点的双模滤波器特性，进一步提高了滤波器的选择性。

从前面的分析已经知道，适当调节双模谐振器（见图2-34）的尺寸可以控制奇偶模及传输零点的位置，先将偶模频率移动到奇模频率的下方，此时，在通带的左边将会有一个靠近偶模的传输零点，在此基础上，利用L形馈线在通带的右边再产生两个传输零点。先考虑L形馈线没有垂直的支节的情况，此时得到的在弱耦合情况下的频率响应曲线如图2-35所示。由图2-35可知，在奇偶模的两侧各有一个传输零点，从前面的分析知道，第一个传输零点 (f_{z1}) 属于 $f_e < f_o$ 的情况，而第二个传输零点 (f_{z2}) 是由馈线的源与负载耦合产生的，通过调节馈线部分的尺寸，可以控制 f_{z2} 的位置。为了提高滤波器高频阻带部分的性能，在此馈线基础上加一段与馈线垂直的支节，即构成了L形馈线，这样能在高频阻带内再产生一个传输零点。通过合理调节增加馈线支节部分的尺寸，可以控制第三个传输零点的位置，如图2-36所示。由图2-36可知，通过在馈线上增加一段与原馈线垂直的支节，可以产生第三个传输零点 f_{z3}，当 l_8 从 0.6 mm 变化到 1.0 mm 时，第三个传输零点向低频方向移动，此时，前两个传输零点 f_{z1}，f_{z2} 的移动较小。

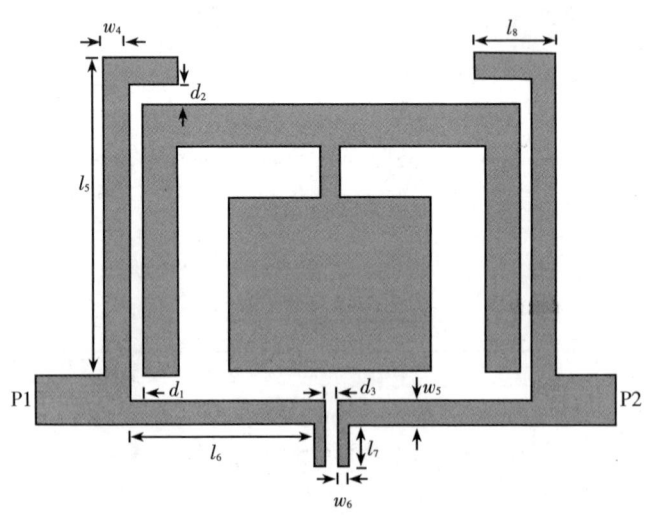

图2-34　双模滤波器

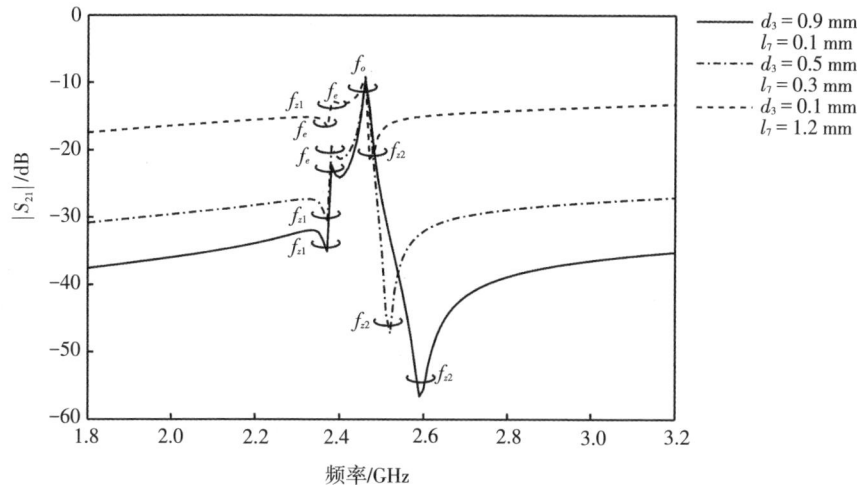

图2-35 双模及传输零点随馈线变化曲线

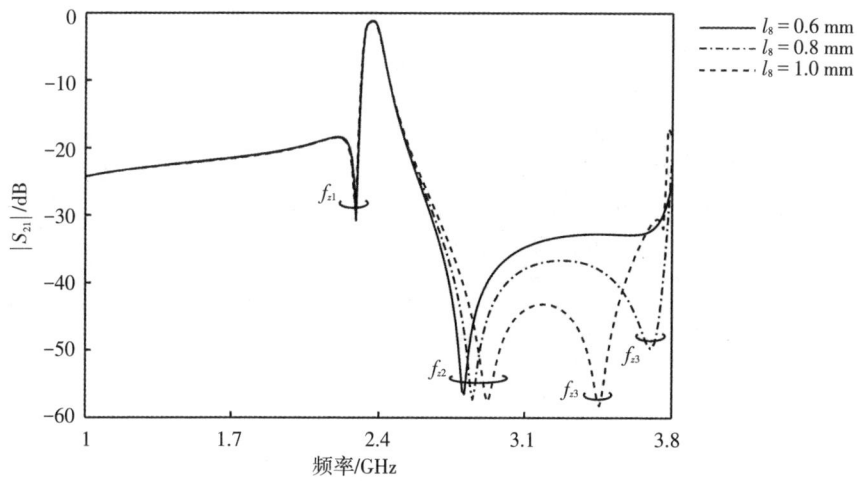

图2-36 第三个传输零点随馈线变化曲线

　　利用IE3D仿真软件对该双模滤波器的性能进行仿真计算，并使用矢量网络分析仪对其性能进行相关测试，图2-37所示为该滤波器的仿真及测试结果。由测试结果可知，该滤波器的中心频率为2.33 GHz，相对带宽为4.7%，通带内的插入损耗在2 dB左右。在通带的下边带有一个传输零点，位于2.24 GHz，此处的衰减为22.8 dB，在通带的上边带有两个传输零点，分别位于3.04 GHz和3.47 GHz，两处的衰减分别为59.6 dB和59.7 dB。图2-38所示为该滤波器的样件图，该滤波器的电路结构参数如表2-8所示，从表中的参数可知该滤波器的总体电路尺寸为13.4 mm×9.4 mm。由此可见，该双模滤波器不仅具有良好的性能，而且结构简单、尺寸较小。

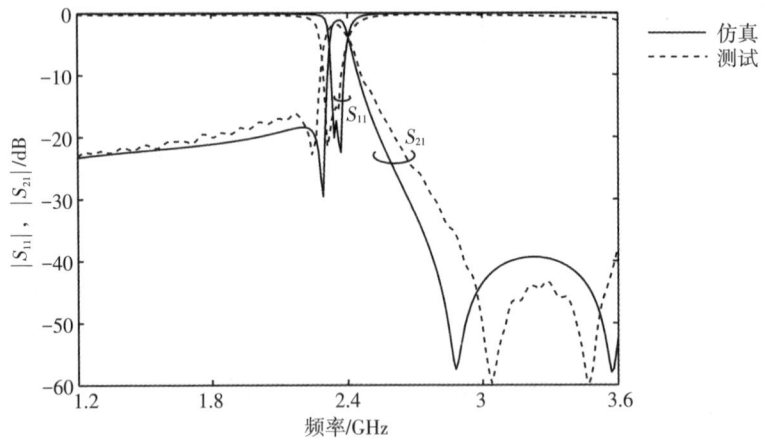

图2-37　仿真和测试的频率响应曲线（四）

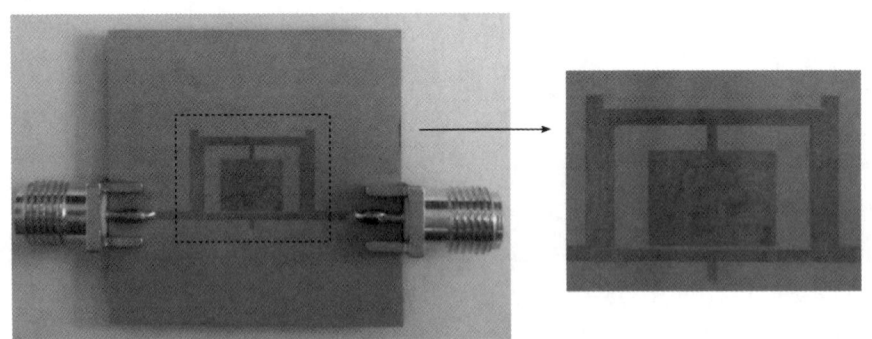

图2-38　双模滤波器加工实物图

表2-8　超宽带滤波器的电路结构参数（五）

电路参数	单位/mm	介质基片参数
w_1	0.8	
w_2	0.5	
w_3	6.7	相对介电常数$\varepsilon_r = 9.6$
w_4	0.6	厚度$h = 0.8$ mm
w_5	0.6	
w_6	0.15	

表2-8（续）

电路参数	单位/mm	介质基片参数
l_1	7	
l_2	1.3	
l_3	4.8	
l_4	12	
l_5	7.64	相对介电常数 $\varepsilon_r = 9.6$
l_6	5.9	厚度 $h = 0.8$ mm
l_7	1.0	
l_8	0.9	
d_1	0.1	
d_2	0.1	
d_3	0.1	

2.4　小　结

本章首先回顾了微波滤波器设计的基本理论，包括两端口网络理论、微波滤波器的分类及频率变换理论。然后介绍了通带内具有单阻带的超宽带滤波器结构、通带内具有双阻带的超宽带滤波器结构、带外具有三个传输零点的高性能双模滤波器结构。

第3章 非等纹宽带带通滤波器的综合

现代无线通信系统的快速发展，对高性能的带通滤波器提出了更高的要求。在过去的研究中，学者的研究主要集中于具有切比雪夫响应的滤波器，即在通带内具有等纹响应特性的滤波器。然而，由于加工误差等因素带来的影响，滤波器通带内的插入损耗会变得比较大，尤其是在通带边沿，即通带靠近阻带的位置插损尤为严重。为了解决上述问题，有学者提出了链状函数的滤波器[116-128]。该滤波器主要通过调节通带内反射零点的位置，使得靠近通带边沿部分的插入损耗变小，以提高滤波器的性能。因此，相比于传统的切比雪夫函数滤波器而言，它的损耗较低[118-119]。但是，该滤波器通带内反射波瓣的峰值是由种子方程决定的，一旦种子方程选定，通带内每个波瓣的值就被固定了，因此，在链状函数滤波器中，不能任意控制通带内每个波瓣的值。为了解决这个问题，有学者提出了圆顶形信封函数的滤波器[120]，该滤波器能够提供更好的选择性及更好的带内平坦度。但是，对该滤波器的研究只是基于理论上的研究，并没有在实际电路上实现。基于上述观点，有学者提出了非等纹滤波函数的双模带通滤波器[121]。但是，在滤波器设计中，带通滤波器的阶数一般大于两级，因此，如何解决多级带通滤波器的上述问题，已成为当今滤波器综合设计中的难点和热点之一。

近年来，宽带带通滤波器受到了越来越多的关注，尤其是在2002年美国联邦通信委员会授权将3.1~10.6 GHz用于超宽带通信后，宽带带通滤波器的研究得到了迅猛发展[122-125]。过去，研究设计的宽带带通滤波器主要是基于一些优化和综合的方法。通过采用综合方法，能够得到滤波器结构的原始设计参数，但是需要注意的是，随着带宽的增加，设计的参数对于频率来说不再是常数，因此，用综合方法设计出的宽带带通滤波器的带宽通常小于原始规定的带宽[106-128]。用传统的平行耦合来设计宽带带通滤波器，可实现的带宽范围可以达到50%。为了获得更宽的带宽，可以采用多模谐振器来实现[125]。但是，利用综合方法设计出的基于多模谐振器的宽带带通滤波器仍然存在带宽减小的问题。此外，由于超宽带的带宽范围较宽，通带内的反射零点可能会消失，从而引起较为严重的带宽减小问题。为了补偿带宽减小的问题，在综合宽带带通滤波器时，可以将需要综合的带宽范围设置得比需要的带宽范围大[79]，但是，这种方法的适用性有限，它主要依靠于经验和可实现的条件。此外，由于加工误差的影响，通带边沿部分的插入损耗会变得比较大。

基于平行耦合线模型的非等纹响应宽带带通滤波器的综合设计方法，能有效解决上述提到的加工误差问题及带宽减小的问题。该综合方法实现了非等纹响应宽带带通滤波器综合从理论到实际电路的应用，通过该综合方法得到的滤波器尺寸可直接用于设计。在该综合方法中，通过对特征方程 F [129-131] 的拓展，得到了一种新的特征方程，可以实现非等纹响应的特性。而对于传统的等纹响应切比雪夫滤波器而言，这些系数是通过特征方程推导而来的。为了实现非等纹的滤波响应，传统切比雪夫函数滤波器通带内反射波瓣的值 RL_s 将被改变，一组新的 RL_s 将用于综合设计。基于上述原理，可以通过适当改变通带内反射波瓣的值来解决加工误差问题及通带带宽减小的问题。本书介绍了基于多模谐振器设计的非等纹响应宽带带通滤波器的设计实例，此外，对该滤波器的敏感度进行了分析，该滤波器受加工误差的影响较小，带宽减小的问题也得到了相应的改善，从而有效地解决了宽带滤波器通带高端频率部分插损大及通带带宽范围减小的难题。

3.1 等纹宽带带通滤波器的综合

基于平行耦合线的宽带带通滤波器的电路示意图如图3-1（a）所示，其等效的传输线网络图如图3-2（b）所示。由图可知该滤波器是由两边的平行耦合线及中间的连接线组合而成的，并且平行耦合线的奇偶模阻抗分别为 Z_{0o} 和 Z_{0e}，中间连接线的阻抗为 Z_c，每段线的电尺寸均为 θ_e。利用 $ABCD$ 矩阵可以级联的性质，可以先得到整个网络级联后的 $ABCD$ 矩阵，整个网络的插入损耗可以通过整个网络的 $ABCD$ 矩阵得到。类似于直接综合的方法[75]，等纹切比雪夫滤波器的插入损耗函数的有理多项式可以表示为

$$\frac{P_0}{P_L} = 1 + \varepsilon^2 \cos^2\left(n\phi + q\xi\right) \qquad (3-1)$$

其中

$$\cos(n\phi + q\xi) = T_n(x)T_q(y) - U_n(x)U_q(y) \tag{3-2}$$

$$x = \cos\phi = \frac{\cos\theta}{\cos\theta_c} \tag{3-3}$$

$$y = \cos\xi = \frac{\tan\theta_c}{\tan\theta} \tag{3-4}$$

其中，P_0 为从源可得到的功率，P_L 为负载吸收的功率，ε 为通带内的等纹常数，$T_n(x)$ 和 $U_n(y)$ 分别为 n 阶的第一类和第二类切比雪夫多项式函数。

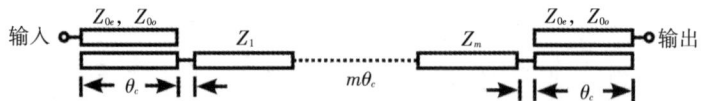

(a) 电路示意图

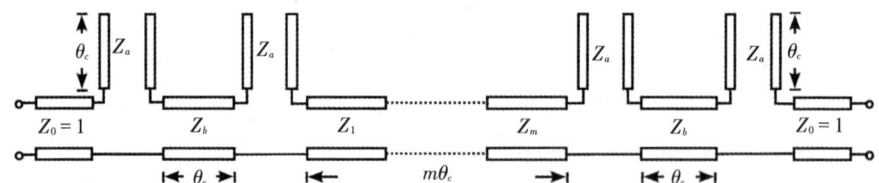

(b) 等效传输线网络图

图 3-1　基于平行耦合线的带通滤波器

利用式（3-1）~式（3-4），可以求得基于平行耦合线的宽带滤波器的阻抗值，从而得到所需滤波器响应的实际电路参数。图 3-2 所示是 θ_c 为 60°，中心频率为 3 GHz，等纹为 0.1 dB，$m=1$ 时综合出的宽带带通滤波器的通带内的传输系数幅度响应特性曲线。由图 3-2 可知，该滤波器的响应为通带内等纹的切比雪夫滤波器响应。图 3-3 给出了 θ_c 为 60°，中心频率为 3 GHz，等纹为 0.1 dB，$m=2$ 时综合出的宽带带通滤波器的通带内的传输系数幅度响应特性曲线。由图 3-3 可知，该滤波器传输系数幅度的响应特性曲线也为通带内等纹切比雪夫滤波器响应曲线。比较图 3-2 和图 3-3 可知，两个滤波器通带内的等纹及截止频率都一样，不同的是通带内传输极点的位置和个数，这是由滤波器的级数所决定的。

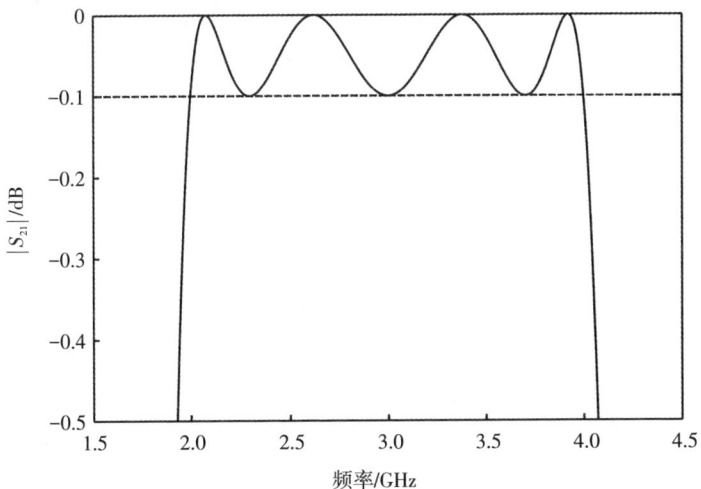

图3-2　通带内频率响应曲线（$m=1$）

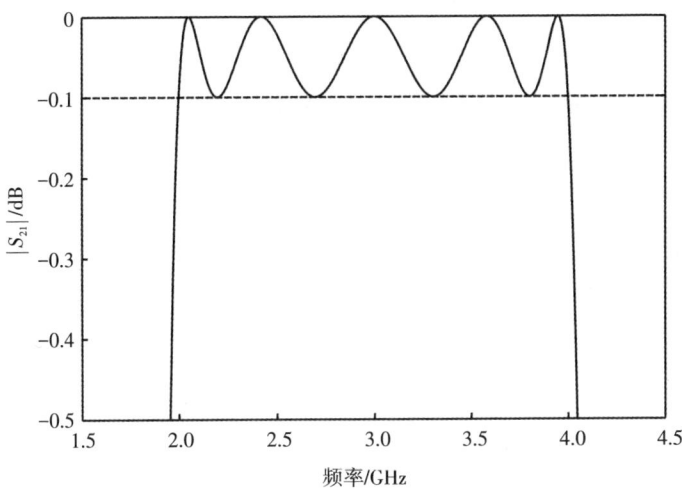

图3-3　通带内频率响应曲线（$m=2$）

　　基于宽带带通滤波器综合设计理论，图3-4给出了综合得到的θ_c为60°，中心频率为3 GHz，通带内回波系数为-15 dB，通带内传输极点个数为4的切比雪夫响应的频率响应曲线。由图3-4可知，该滤波器具有明显的切比雪夫滤波器的特征，即通带的等纹特性，而且，滤波器的通带带宽能得到很好的控制。图3-5给出了综合得到的θ_c为60°，中心频率为3 GHz，通带内回波系数为-15 dB，通带内传输极点个数为5的切比雪夫响应的频率响应曲线。

由图3-5可知该滤波器在通带内的等纹特性，比较图3-4和图3-5可知，两个滤波器的频率响应特性曲线的中心频率、等纹值，以及通带带宽都一样，所不同的就是两个滤波器在通带内极点的个数。

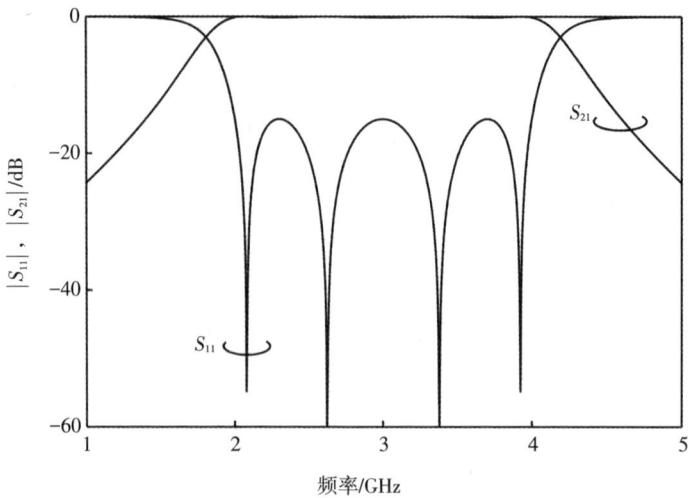

图3-4　通带内4个传输极点的宽带带通滤波器频率响应特性曲线

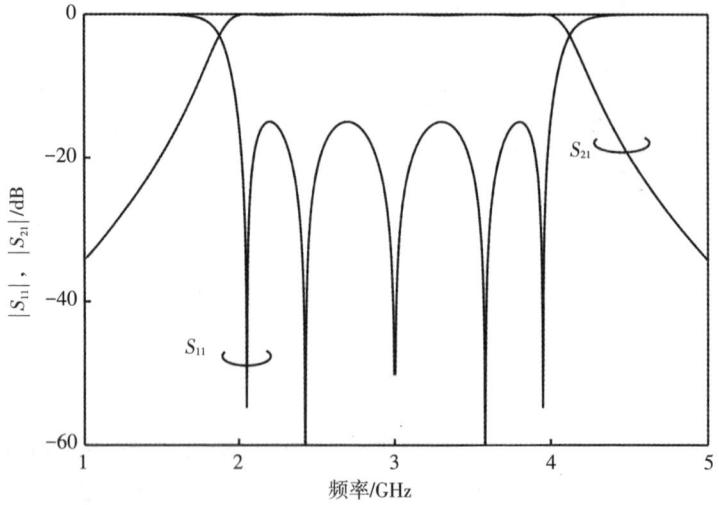

图3-5　通带内5个传输极点的宽带带通滤波器频率响应特性曲线

3.2 非等纹宽带带通滤波器综合的理论推导

非等纹宽带带通滤波器相对于传统的等纹切比雪夫滤波器而言，能够有效地改善加工误差带来的影响，同时能够有效地解决通带带宽减小的问题。在前一小节，介绍了基于平行耦合线结构的宽带带通滤波器综合。在这一小节，将介绍非等纹宽带带通滤波器综合的理论推导[132-133]。

非等纹响应宽带带通滤波器的综合是基于平行耦合线的带通滤波器结构，如图3-1（a）所示。由图可知该滤波器是由两边的平行耦合线和中间 m 级非均匀的传输线组合而成的，其中，平行耦合线的奇偶模阻抗分别为 Z_{0o} 和 Z_{0e}，中间 m 级非均匀传输线的阻抗为 Z_{1-m}，每段线的电长度均为低频截止频率，即 θ_c。因此，通带的相对带宽 Δ 可以表示为

$$\Delta = \frac{180 - 2\theta_c}{90} \times 100\% \tag{3-5}$$

图3-1（b）给出了基于平行耦合线结构的宽带带通滤波器的等效传输线网络，其中 Z_a、Z_b 和 Z_{1-m} 均为归一化的阻抗值。由图可知，每组平行耦合线等效的传输线模型都是由两个串联的开路支节和中间的连接线组合而成的，开路支节和中间连接线的阻抗分别为 Z_a、Z_b。利用 $ABCD$ 矩阵可以级联的性质，将图3-1（b）中每部分的 $ABCD$ 矩阵级联起来可以得到整个网络总的 $ABCD$ 矩阵，那么整个网络的插入损耗可以通过级联后总的 $ABCD$ 矩阵来表示（F 为特征函数）。根据直接综合宽带带通滤波器的方法[75]，对于切比雪夫滤波器而言，插入损耗的有理多项式可以表示为

$$|S_{21}|^2 = \frac{1}{1 + |F|^2} \tag{3-6}$$

$$|S_{11}|^2 = \frac{|F|^2}{1 + |F|^2} \tag{3-7}$$

其中

$$F = \frac{B - C}{2} \tag{3-8}$$

$$|S_{21}|^2 = \frac{1}{1 + \varepsilon^2 \cos^2(n\phi + q\xi)} \tag{3-9}$$

$$|S_{11}|^2 = \frac{\varepsilon^2 \cos^2(n\phi + q\xi)}{1 + \varepsilon^2 \cos^2(n\phi + q\xi)} \tag{3-10}$$

通过上述方程式，很容易得到 F 函数的表达式

$$F = \sum_{i=1}^{N} k_i \frac{\cos^{2(i-1)}\theta}{\sin\theta} \quad (\text{偶数个极点}) \tag{3-11}$$

$$F = \sum_{i=1}^{N} k_i \frac{\cos^{2i-1}\theta}{\sin\theta} \quad (\text{奇数个极点}) \tag{3-12}$$

其中分子的最高次数代表通带内极点的个数，方程式（3-11）为通带内有偶数个传输极点时 F 函数的表达式，方程式（3-12）为通带内有奇数个传输极点时 F 函数的表达式。对于传统的切比雪夫函数滤波器而言，系数 k_i 可以通过方程式(3-9)~式(3-10)求得。需要注意的是通带内的反射波瓣值，即 RL_s，可以通过调节系数 k_i 来控制，这也就意味着 F 函数可以构成非等纹的响应。图 3-6 给出了理想情况下通过调节系数 k_i 得到的通带内有偶数个和奇数个传输极点的频率响应特性曲线。由图可知，通带内的反射波瓣值 RL_s 不再全部相等，越是靠近通带边沿部分，反射波瓣值 RL_s 越低，即构成了通带内非等纹的频率响应曲线。然而，对于特定的非等纹频率响应曲线，系数 k_i 不再是可以直接得到的，需要采用数值方法进行求解。

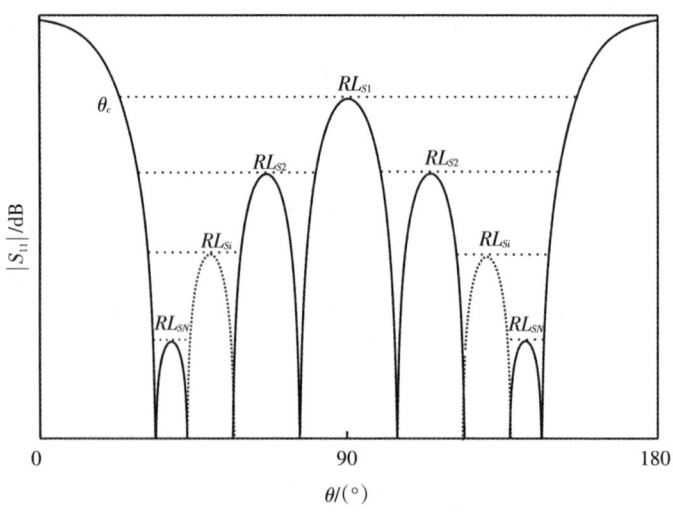

（a）通带内有偶数个极点

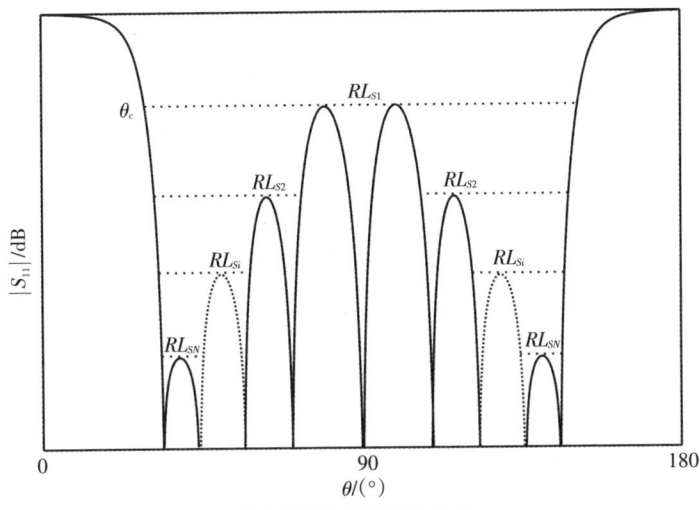

（b）通带内有奇数个极点

图3-6 非等纹带通滤波器的频率响应特性曲线

3.2.1 通带内有偶数个传输极点的综合方法

基于前面的分析可知，传统的切比雪夫响应滤波器具有通带内等纹的特性，而对于非等纹的滤波器而言，通带内的反射波瓣值 RL_s 不再全部相等，在本小节，主要介绍通带内具有偶数个传输极点的情况。

方程（3-11）给出了通带内具有偶数个传输极点时 F 函数的一般通用表达式，将通带内具有4个传输极点的情况作为偶数个极点的设计实例，即方程（3-11）中 $N=4$ 的情况。图3-7给出了理想情况下等纹和非等纹滤波器

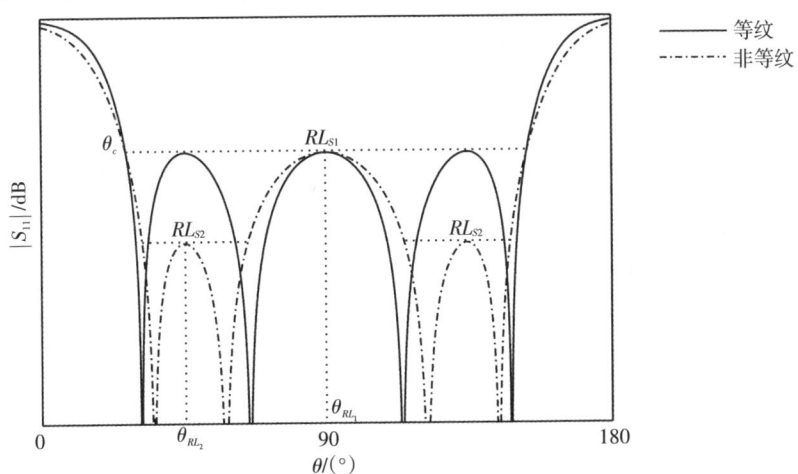

图3-7 等纹和非等纹带通滤波器的反射系数幅度响应特性曲线

的反射系数幅度的响应特性曲线。由图可知，通带内有三个反射波瓣，中间反射波瓣的值为 RL_{S1}，两边反射波瓣的值为 RL_{S2}，对于等纹的情况，通带内每个反射波瓣的值相等，即 $RL_{S1} = RL_{S2}$。对于非等纹的情况，通带内的反射波瓣的值不再全部相等，即 $RL_{S1} \neq RL_{S2}$。此时，F 函数可表示为

$$F = k_1 \frac{\cos^4 \theta}{\sin \theta} + k_2 \frac{\cos^2 \theta}{\sin \theta} + k_3 \frac{1}{\sin \theta} \tag{3-13}$$

为了求得系数 k_1，k_2 和 k_3，需要建立相应的方程，当 $\theta = \theta_c$ 时，$F = F_1$。当 $\theta = \theta_{RL_{S1}}$ 时，$F = F_1$。由图 3-6（a）和图 3-7 可知，由于反射系数幅度响应的对称性，对于通带内有偶数个极点的情况，$\theta_{RL_{S1}} = 90°$，因此，可以得到

$$k_1 \frac{\cos^4 \theta_c}{\sin \theta_c} + k_2 \frac{\cos^2 \theta_c}{\sin \theta_c} + k_3 \frac{1}{\sin \theta_c} = F_1 \tag{3-14}$$

$$k_1 \frac{\cos^4 \theta_{RL_{S1}}}{\sin \theta_{RL_{S1}}} + k_2 \frac{\cos^2 \theta_{RL_{S1}}}{\sin \theta_{RL_{S1}}} + k_3 \frac{1}{\sin \theta_{RL_{S1}}} = F_1 \tag{3-15}$$

将 $\theta_{RL_{S1}} = 90°$ 代入方程（3-15），得到

$$k_3 = F_1 \tag{3-16}$$

当 $\theta = \theta_{RL_{S2}}$ 时，有

$$k_1 \frac{\cos^4 \theta_{RL_{S2}}}{\sin \theta_{RL_{S2}}} + k_2 \frac{\cos^2 \theta_{RL_{S2}}}{\sin \theta_{RL_{S2}}} + k_3 \frac{1}{\sin \theta_{RL_{S2}}} = F_2 \tag{3-17}$$

其中，F_1 和 F_2 分别为反射波瓣值等于 RL_{S1} 和 RL_{S2} 时的 F 函数的值。并且，在 $\theta_{RL_{S1}}$ 和 $\theta_{RL_{S2}}$ 处，F 函数的导数为零，即

$$F' = k_1 \frac{3\cos^5 \theta_{RL_{S2}} - 4\cos^3 \theta_{RL_{S2}}}{\sin^2 \theta_{RL_{S2}}} + k_2 \frac{\cos^3 \theta_{RL_{S2}} - 2\cos \theta_{RL_{S2}}}{\sin^2 \theta_{RL_{S2}}} - k_3 \frac{\cos \theta_{RL_{S2}}}{\sin^2 \theta_{RL_{S2}}} = 0 \tag{3-18}$$

通过求解上述方程组可以求得 k_1，k_2 的值，即可得到需要响应的特征方程函数。

在直接综合宽带切比雪夫响应滤波器的方法中，通过建立整个网络的总的 $ABCD$ 矩阵，可以得到滤波器插入损耗的表达式。对于通带内有 4 个传输极点的情况，$m = 1$，因此，通过建立图 3-1（b）中所示的整个网络的 $ABCD$ 矩阵，可以得到以下关系式

$$k_1 = \frac{1 - 6z_a^2 - 4z_a z_b - z_b^2}{2z_1} + \frac{1 - 3z_a^2 - z_a z_1}{z_b} + \frac{z_1 + 2z_a - 2z_a^2 - z_a^2 z_1}{2z_b^2} + \tag{3-19}$$

$$\frac{z_a - 2z_a^3}{z_b z_1} + \frac{z_a^2 - z_a^4}{2z_b^2 z_1} - \frac{z_1}{2} - z_b - 3z_a$$

$$k_2 = \frac{2(z_a + z_b)^2 - 1}{2z_1} + \frac{z_a z_1 - 1}{z_b} + \frac{z_a^2 z_1 - 2z_a - 2z_1}{2z_b^2} \tag{3-20}$$

$$-\frac{z_a}{z_b z_1} - \frac{z_a^2}{2z_b^2 z_1} + \frac{z_1}{2} + z_b + z_a$$

$$k_3 = -\frac{z_b^2}{2z_1} + \frac{z_1}{2z_b^2} \tag{3-21}$$

通过上述方法即可得到电路的实际参数值。

3.2.2　通带内有奇数个传输极点的综合方法

在前面一小节，介绍了通带内有偶数个传输极点的非等纹响应滤波器的理论推导。通过已知条件建立起一组方程，再对该方程组进行求解，得到未知数系数的值，从而建立起非等纹响应滤波器的滤波函数。同样地，对于通带内有奇数个传输极点的情况，也可以建立起一组方程。在本小节，将介绍通带内有奇数个传输极点时的非等纹响应滤波器的理论推导，将通带内具有5个传输极点的情况作为设计实例。

方程（3-12）给出了通带内具有奇数个极点时 F 函数的一般通用表达式，对于通带内具有5个传输极点的情况，方程（3-12）中最高次项的次数为5，即 $N=5$。图3-8所示为理想情况下等纹和非等纹响应滤波器的反射系数幅度的响应特性曲线。由图可知，通带内有四个反射波瓣，中间两个反射波瓣的值相同，均为 RL_{S1}，两边反射波瓣的值均为 RL_{S2}，对于等纹的情况，通带内每个反射波瓣的值相等，即 $RL_{S1} = RL_{S2}$。对于非等纹的情况，通带内的反射波瓣值不再全部相等，即 $RL_{S1} \neq RL_{S2}$。此时，F 函数可表示为

$$F = k_1 \frac{\cos^5\theta}{\sin\theta} + k_2 \frac{\cos^3\theta}{\sin\theta} + k_3 \frac{\cos\theta}{\sin\theta} \tag{3-22}$$

通过建立相应的方程组，得到系数 k_1，k_2 和 k_3 的值。

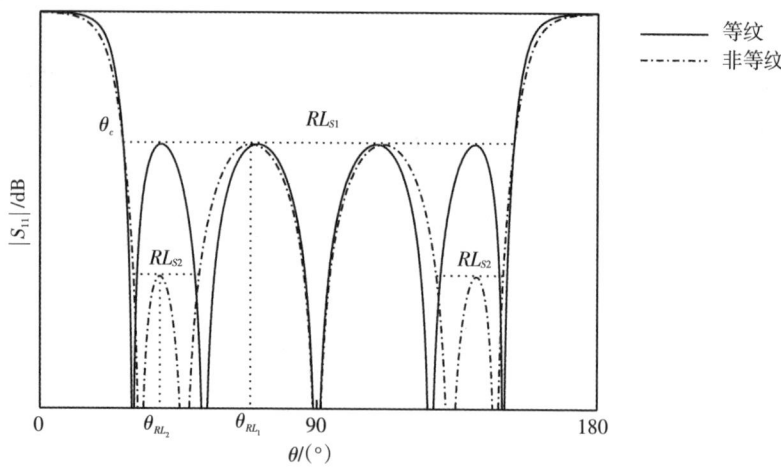

图3-8 等纹和非等纹带通滤波器的反射系数幅度响应特性曲线

在通带内具有偶数个传输极点的情况中，由于其反射系数的幅度响应曲线的中心波瓣关于中心90°对称，则$\theta_{RL_{S1}}$为已知条件，即$\theta_{RL_{S1}}=90°$。而对于通带内有奇数个传输极点的情况，$\theta_{RL_{S1}}$不再对应90°，此时求解比通带内具有偶数个传输极点的情况稍复杂一些。通过建立相应的方程组，可以求得系数的值，从而得到此情况的特征方程表达式。

当$\theta=\theta_c$时，$F=F_1$，即对应于此时的RL_{S1}，那么有

$$k_1\frac{\cos^5\theta_c}{\sin\theta_c}+k_2\frac{\cos^3\theta_c}{\sin\theta_c}+k_3\frac{\cos\theta_c}{\sin\theta_c}=F_1 \tag{3-23}$$

当$\theta=\theta_{RL_{S1}}$时，$F=F_1$，也对应于此时的RL_1，那么有

$$k_1\frac{\cos^5\theta_{RL_1}}{\sin\theta_{RL_1}}+k_2\frac{\cos^3\theta_{RL_1}}{\sin\theta_{RL_1}}+k_3\frac{\cos\theta_{RL_1}}{\sin\theta_{RL_1}}=F_1 \tag{3-24}$$

当$\theta=\theta_{RL_{S2}}$时，$F=F_2$，也对应于此时的RL_{S2}，那么有

$$k_1\frac{\cos^5\theta_{RL_{S2}}}{\sin\theta_{RL_{S2}}}+k_2\frac{\cos^3\theta_{RL_{S2}}}{\sin\theta_{RL_{S2}}}+k_3\frac{\cos\theta_{RL_{S2}}}{\sin\theta_{RL_{S2}}}=F_2 \tag{3-25}$$

又由于当$\theta=\theta_{RL_{S1}}$和$\theta=\theta_{RL_{S2}}$时，F函数的导数为零，即$F'=0$，那么有

$$k_1\left(4\cos^6\theta_{RL_{S1}}-5\cos^4\theta_{RL_{S1}}\right)+k_2\left(2\cos^4\theta_{RL_{S1}}-3\cos^2\theta_{RL_{S1}}\right)-k_3=0 \tag{3-26}$$

$$k_1\left(4\cos^6\theta_{RL_{S2}}-5\cos^4\theta_{RL_{S2}}\right)+k_2\left(2\cos^4\theta_{RL_{S2}}-3\cos^2\theta_{RL_{S2}}\right)-k_3=0 \tag{3-27}$$

将上述方程联立求解，即可求得系数的值，从而得到特征方程的表达式。

对于通带内具有5个传输极点的情况，图3-1（b）等效传输线网络中的

中间连接线的级数为 2，即 $m = 2$。同样地，滤波器各段线的特性阻抗可以利用整个网络级联后总的 $ABCD$ 矩阵求得，可以得到以下关系式

$$k_1 = \frac{-z_b^2 + 1 - 4z_a z_b - 6z_a^2}{z_1} + \frac{2 - 2z_a z_b - 6z_a^2}{z_b} + \frac{z_1 + 2z_a - 2z_a^3 - z_a^2 z_1}{z_b^2} +$$
$$\frac{-z_a^4 + z_a^2}{z_b^2 z_1} + \frac{2z_a - 4z_a^3}{z_b z_1} - 2z_b - 6z_a - 1 \tag{3-28}$$

$$k_2 = \frac{2z_a^2 + 4z_a z_b + 2z_b^2 - 1}{z_1} + \frac{3z_a^2 + 2z_a z_1 - 3}{z_b} + \frac{z_a^3 + z_a^2 z_1 - 3z_a - 2z_1}{z_b^2} -$$
$$\frac{z_a^2}{z_b^2 z_1} - \frac{2z_a}{z_b z_1} + z_1 + 3z_b + 5z_a \tag{3-29}$$

$$k_3 = -\frac{z_b^2}{z_1} + \frac{1}{z_b} + \frac{z_a + z_1}{z_b^2} - z_b - z_a \tag{3-30}$$

通过求解上述方程，可得到电路的参数值。

3.3 非等纹宽带带通滤波器设计

在前一节中，给出了非等纹响应宽带滤波器滤波函数的理论推导，通带内传输极点个数不同时，其滤波函数的表达式也就不同。在前一节中分别给出了通带内有偶数个和奇数个传输极点的滤波函数的通用表达式，通带内传输极点的个数决定了滤波函数表达式中最高次项的次数。通过适当选择滤波函数表达式中未知数的系数，可以得到理想的非等纹响应的滤波器响应特性曲线。为了求得滤波函数中未知数的系数，需要通过已知条件建立起方程组，并求解得到未知数的值，从而得到理想的滤波函数的表达式。再利用 $ABCD$ 矩阵级联的性质，得到整个传输线网络级联后的 $ABCD$ 矩阵，通过整个网络级联后总的 $ABCD$ 矩阵与网络插入损耗的关系，可以求得网络中各段传输线的阻抗值。本小节将基于非等纹响应带通滤波器滤波函数的综合方法，介绍非等纹响应的宽带带通滤波器设计。

3.3.1 通带内有偶数个传输极点宽带带通滤波器设计

基于上一节非等纹响应宽带带通滤波器的综合方法，可以根据需要综合得到滤波函数中未知系数的值。当通带内有偶数个传输极点的时候，对于图 3-1 中的平行耦合线的宽带带通滤波器结构，可以通过求解方程得到平行耦合线的奇偶模阻抗及中间连接传输线的阻抗值，从而得到所需要的滤波响应

的宽带带通滤波器的物理尺寸。

图3-9所示为三组通带内具有4个传输极点时的反射系数幅度响应特性曲线。由图可知,图中实线为传统的切比雪夫函数滤波器的响应特性曲线,点画线和虚线均为非等纹响应滤波器的响应特性曲线,三条曲线在通带内均有三个反射波瓣,并且三种情况的θ_c均固定在同一个值。令中心反射的波瓣值为RL_{S1},两边的反射波瓣的值为RL_{S2}。由图可知,传统的切比雪夫函数滤波器通带内的每个反射波瓣的值均相等,这也就意味着传统的切比雪夫函数滤波器只是非等纹滤波器的一种特例,即属于$RL_{S1} = RL_{S2}$时的情况。而图中的点画线和虚线均为非等纹的滤波函数响应特性曲线,即$RL_{S1} \neq RL_{S2}$时的情况。由图可知,三条曲线的RL_{S1}均相等,而三条曲线的RL_{S2}不相等。

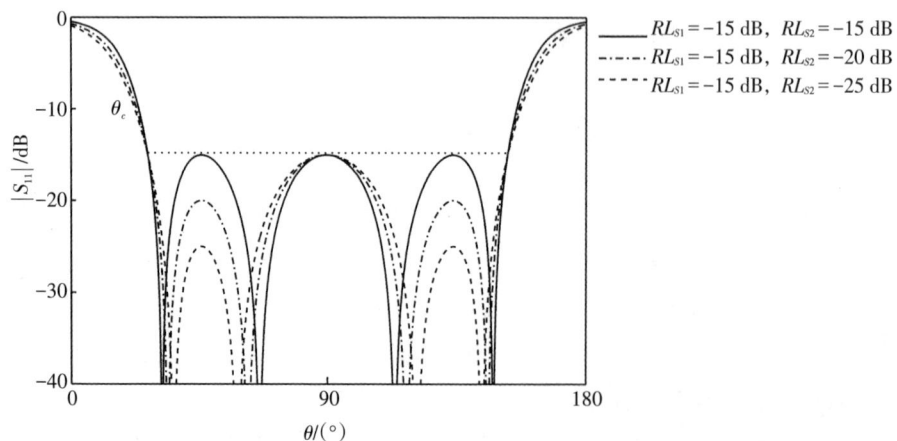

图3-9 通带内有4个传输极点的反射系数幅度响应特性曲线

对于平行耦合线结构的宽带带通滤波器,如图3-1所示,当中间连接传输线的级数为1,即$m=1$时,该滤波器在通带内有4个传输极点。图3-10所示为图3-9所示的三种滤波响应特性曲线所对应的基于平行耦合线宽带带通滤波器结构的阻抗变化曲线。由图3-10可知,三种情况的变化趋势相同,随着θ_c的增加,平行耦合线的奇偶模阻抗均增加,但是中间连接线的阻抗却降低。由图可知,RL_{S2}越低,所需要的平行耦合线的奇偶模阻抗及中间连接点的阻抗越低。

前面已经将传统的切比雪夫函数滤波器与非等纹的滤波器对于平行耦合线结构的宽带带通滤波器的阻抗值进行了比较,为了进一步研究两种滤波器在实际设计中物理尺寸的变化,采用相对介电常数4.8、厚度0.8 mm的介质

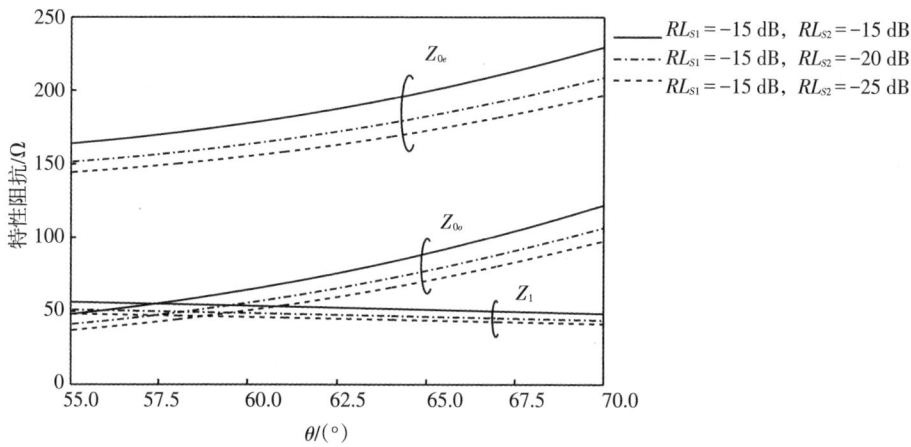

图3-10 通带内有4个传输极点的特性阻抗曲线

材料设计这两种滤波器。基于图3-10计算得到平行耦合线奇偶模的阻抗值，可以计算得到传统的切比雪夫函数滤波器及非等纹滤波器基于平行耦合线宽带带通滤波器结构的缝宽及线宽的变化曲线，如图3-11所示。由图可知，随着θ_c的增加，相对带宽减小，平行耦合线的线宽减小，而缝宽却增加。从图上还可以观察到，RL_{S2}越低，所需要的缝宽越小，而所需要的线宽却变大了，因此，RL_{S2}越低，缝宽的加工条件越严，而线宽的加工条件却得到了放松。

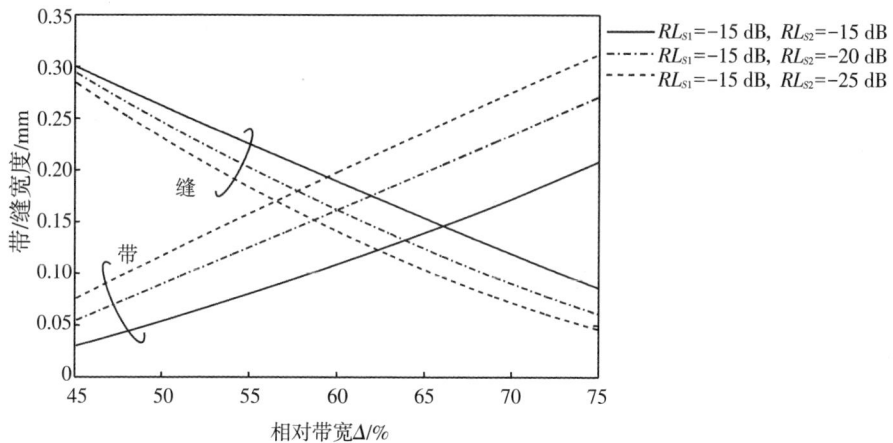

图3-11 通带内有4个传输极点的情况对于特定介质材料的平行耦合线结构的物理尺寸

3.3.2 通带内有奇数个传输极点宽带带通滤波器设计

在前一小节中，主要介绍了基于平行耦合线结构的通带内具有偶数个传输极点的非等纹响应宽带带通滤波器设计，并将非等纹宽带带通滤波器的阻抗值及对于特定介质材料的基于平行耦合线宽带带通滤波器结构的物理尺寸与传统的切比雪夫函数滤波器进行了比较。在本小节中，将重点介绍基于平行耦合线结构的通带内具有奇数个传输极点的非等纹宽带带通滤波器设计。

基于前面的关于非等纹响应宽带带通滤波器综合方法的研究，可以根据需要综合得到滤波函数中未知系数的值。当通带内有奇数个传输极点时，对于图3-1中的平行耦合线的宽带带通滤波器结构，可以求得平行耦合线的奇偶模阻抗及中间连接传输线的阻抗值，从而得到所需要的滤波响应的宽带带通滤波器的物理尺寸。

图3-12所示为三组通带内具有5个传输极点时的反射系数幅度响应特性曲线。由图可知，图中实线为传统的切比雪夫函数滤波器通带内的响应特性曲线，点画线和虚线均为非等纹滤波器通带内的响应特性曲线，与通带内具有4个传输极点的滤波响应曲线不同，这三条曲线在通带内均有4个反射波瓣，比通带内具有4个传输极点的滤波响应曲线多一个通带内的反射波瓣，同样地，三种情况的θ_c均固定在同一个值。对于通带内有4个反射波瓣，令中间两个反射波瓣的值为RL_{S1}，两边的反射波瓣的值为RL_{S2}。由图可知，传统的切比雪夫函数滤波器通带内的每个反射波瓣的值均相等，表明传统的切比雪夫函数滤波器是非等纹滤波器的一种特例，即属于$RL_{S1} = RL_{S2}$的情况。图中点画线和虚线均为非等纹的滤波函数响应特性曲线，即$RL_{S1} \neq RL_{S2}$的情况。由图可知，三条曲线的RL_{S1}均相等，而三条曲线的RL_{S2}不相等。

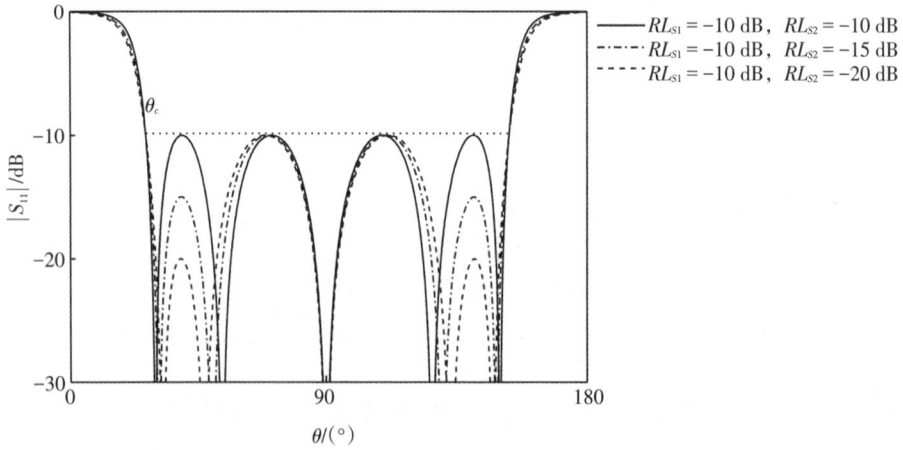

图3-12　通带内有5个传输极点的反射系数幅度响应特性曲线

对于平行耦合线结构的宽带带通滤波器，如图3-1所示，当中间连接传输线的级数为2，即 $m=2$ 时，该滤波器在通带内有5个传输极点。图3-13所示为图3-12所示的三种滤波响应特性曲线所对应的基于平行耦合线宽带带通滤波器结构的阻抗变化曲线。由图3-13可知，三种情况的变化趋势相同，随着 θ_c 的增加，平行耦合线的奇偶模阻抗均增加，但是中间连接线的阻抗却降低。由图可知，传统的切比雪夫响应滤波器的奇偶模阻抗及中间连接线的阻抗均比非等纹滤波器的阻抗高，同时，在非等纹滤波器中，RL_{S2} 越低，所需要的平行耦合线的奇偶模阻抗及中间连接点的阻抗越低。以上所观察到的结果与通带内具有4个传输极点的情况观察到的结果一样，但值得注意的是，对于相同的阻抗范围而言，通带内具有5个传输极点的情况比通带内具有4个传输极点的情况可实现的带宽范围更宽。

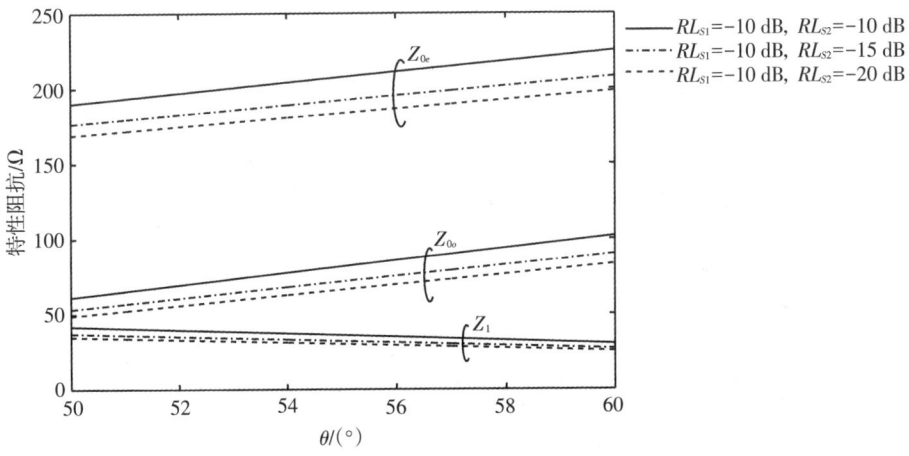

图3-13 通带内有5个传输极点的特性阻抗曲线

通过对传统的切比雪夫函数滤波器与非等纹的滤波器基于平行耦合线结构的宽带带通滤波器的阻抗值的比较，采用相对介电常数4.8、厚度0.8 mm的介质材料来进一步研究两种滤波器在实际设计中物理尺寸的变化情况。基于图3-13计算得到平行耦合线奇偶模的阻抗值，计算得到了传统的切比雪夫函数滤波器及非等纹滤波器基于平行耦合线宽带带通滤波器结构的平行耦合线的缝宽及线宽的变化曲线，如图3-14所示。由图可知，随着 θ_c 的增加，相对带宽减小，平行耦合线的线宽减小，而缝宽却增加了。RL_{S2} 越低，所需要的缝宽越小，而所需要的线宽却变大了，因此，RL_{S2} 越低，平行耦合线缝宽的加工条件越严苛，而线宽的加工却得到了放松。这与在通带内具有4个传输极点的情况观察到的结果一样，但是值得注意的是，对于相同的加工精度极限而言，通带内具有5个传输极点的带通滤波器比通带内具有4个传输极点的带通滤波器可实现的带宽范围更宽。

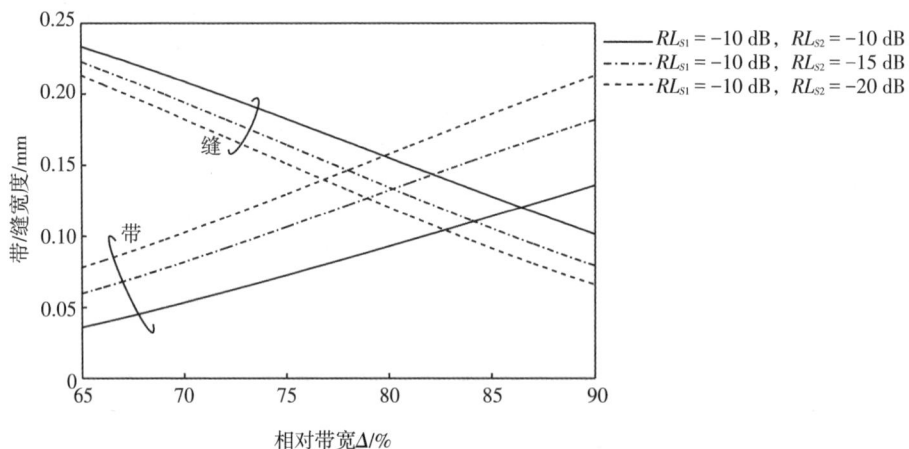

图3-14 通带内有5个传输极点的情况对于特定介质材料的平行耦合线结构的物理尺寸

3.4 敏感度分析

在前面的节中，已经介绍了非等纹响应宽带带通滤波器的综合设计，可以根据需要综合设计出通带内具有偶数个或者奇数个传输极点的基于平行耦合线滤波器结构的非等纹宽带带通滤波器。在实际电路设计中，由于介质损耗、金属损耗，以及加工误差的影响，会改变滤波器的性能，通常滤波器通带内的插入损耗会变大，而非等纹的带通滤波器能够对其进行补偿，从而有效地改善这个问题。本小节将对非等纹响应滤波器及传统的切比雪夫函数滤波器做敏感度分析。

3.4.1 损耗分析

由于介质损耗、金属损耗的影响，滤波器通带内的插入损耗会变得比较大。而这些因素会影响滤波器的性能，如使得通带带宽范围变窄。通过采用非等纹响应的带通滤波器结构，能够很好地补偿这部分损耗的影响，从而有效地改善上述问题。

图3-15所示为四组通带内具有4个传输极点的带通滤波器通带内的频率

响应特性曲线，其中左边的图为通带内的插入系数幅度的响应特性曲线，右边的图为通带内反射系数幅度的响应特性曲线，图中的实线为理想的切比雪夫函数滤波器通带内的频率响应特性曲线，点线为利用ADS仿真软件计算得到的切比雪夫函数滤波器通带内的频率响应特性曲线，点画线和虚线均为非等纹滤波器通带内的频率响应特性曲线。在这4种情况中，RL_{S1}均设置为-15 dB，θ_e均设置为$63°$。在3种利用ADS仿真软件计算得到的结果中，均考虑了介质损耗和金属损耗。由图可知，由于介质损耗和金属损耗的影响，带通滤波器在通带内的插入损耗变得较差，尤其是在高端频率部分，偏离理想情况较多，此外，由于损耗的影响，通带带宽范围也比理想带宽范围小。但值得注意的是，非等纹带通滤波器受介质损耗和金属损耗的影响比传统的切比雪夫滤波器小，这是由于在非等纹带通滤波器中，RL_{S2}比RL_{S1}低，从而起了一定的补偿作用。此外，通过通带带宽范围的比较可以从图上看到，非等纹响应带通滤波器的带宽减小比传统切比雪夫滤波器少，从而有效地改善了损耗带来的带宽减小的问题。

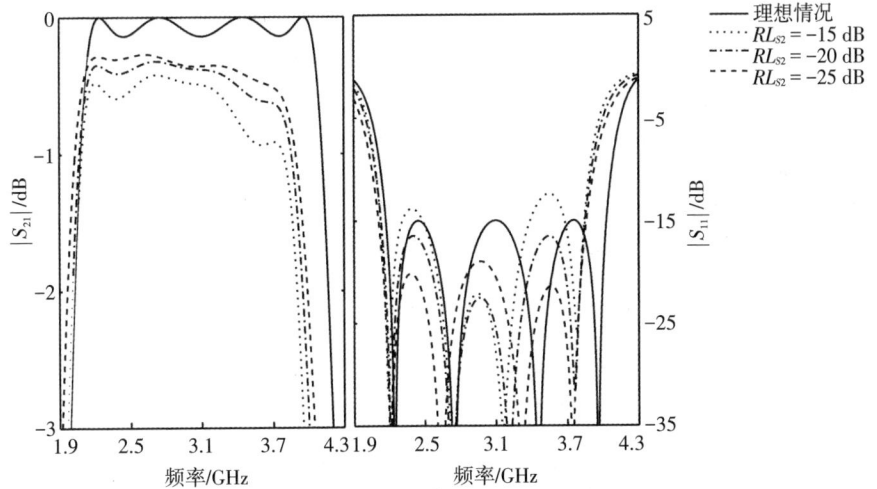

图3-15　通带内有4个传输极点情况的频率响应特性曲线

表3-1所列为传统切比雪夫滤波器和非等纹响应带通滤波器通带带宽及通带内反射系数的比较。由表可知，在切比雪夫函数滤波器的仿真结果中，通带内最大的反射系数的幅度值在-12.43 dB，而要求的通带内的最大的反射系数幅度不超过-15 dB，由此可见，综合出来的传统的切比雪夫函数滤波器不能满足设计要求。再来看非等纹带通滤波器的仿真结果，由表可知，对于

$RL_{S2} = -20$ dB 的情况，通带内最大的反射系数的幅度值在-16.47 dB，小于所要求的-15 dB；对于 $RL_{S2} = -25$ dB 的情况，通带内最大的反射系数的幅度值在-19.01 dB，明显小于所要求的-15 dB。由此可见，两组非等纹的带通滤波器能够很好地满足通带内对反射系数幅度值的要求，而传统的切比雪夫函数不能满足通带内对反射系数的要求。再来比较带宽减小的情况。对于三种情况，所要求的理想相对带宽均在60%，从表中的数据可以看到，传统的切比雪夫函数滤波器明显不能满足带宽的要求，而对于非等纹带通滤波器，当 $RL_{S2} = -20$ dB 时，相对带宽减小了4.5%；当 $RL_{S2} = -25$ dB 时，相对带宽减小了2.3%。由此可见，非等纹带通滤波器受介质损耗和金属损耗的影响较小，不仅能够有效地改善通带内插入损耗减小的问题，而且能够有效地改善带宽减小的问题。

表3-1 综合得到的滤波器的带宽比较

传输极点数	理想相对带宽 Δ_{RL_1}	RL_{S1}/dB	RL_{S2}/dB	S_{11max}/dB	Δ_{RL_1}	误差/Δ
4	60%	-15	-15	-12.43	—	—
4	60%	-15	-20	-16.47	57.3%	↓4.5%
4	60%	-15	-25	-19.01	58.6%	↓2.3%

同样地，对于通带内具有5个传输极点的情况也进行了损耗的分析。图3-16为四组通带内具有5个传输极点的带通滤波器通带内的频率响应特性曲线，其中左边的图为通带内的插入系数幅度的响应特性曲线，右边的图为通带

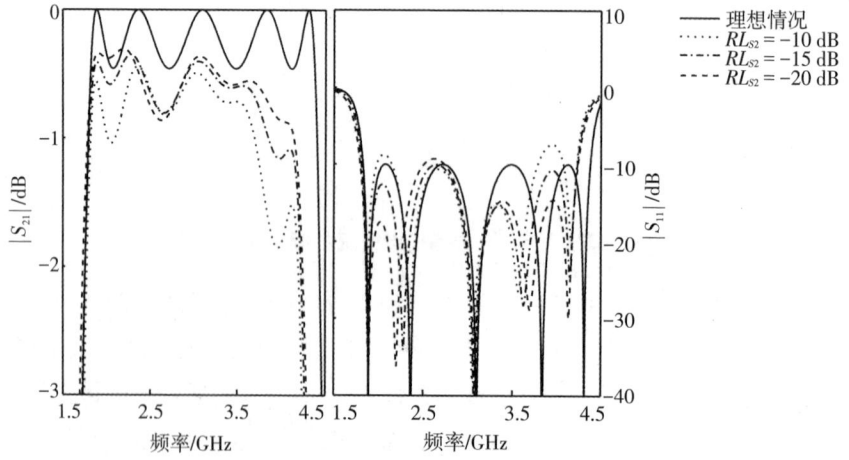

图3-16 通带内有5个传输极点情况的频率响应特性曲线

内反射系数幅度的响应特性曲线，图中的实线为理想的切比雪夫函数滤波器通带内的频率响应特性曲线，点线为利用ADS仿真软件计算得到的切比雪夫函数滤波器通带内的频率响应特性曲线，点画线和虚线均为非等纹滤波器通带内的频率响应特性曲线。在这四种情况中，RL_{S1}均设置为-10 dB，θ_c均设置为52.9°。在三种利用ADS仿真软件计算得到的结果中，均考虑了介质损耗和金属损耗。由图可知，由于介质损耗和金属损耗的影响，带通滤波器在通带内的插入损耗变得较差，特别是在高端频率部分，偏离理想情况较多，此外，由于损耗的影响，仿真得到的通带带宽也比理想的带宽小。需注意的是，非等纹带通滤波器受介质损耗和金属损耗的影响比传统的切比雪夫滤波器小，这是因为在非等纹带通滤波器中，RL_{S2}比RL_{S1}低，能够起到一定的补偿作用。

此外，还可以在图上对通带带宽进行比较，非等纹响应带通滤波器的带宽减小得比传统切比雪夫滤波器少，即能够有效地改善损耗带来的带宽减小的问题。表3-2所列为传统切比雪夫滤波器和非等纹响应带通滤波器通带带宽及通带内反射系数的详细比较。由表可知，在切比雪夫函数滤波器的仿真结果中，通带内最大的反射系数的幅度值在-7.40 dB，而要求的通带内的最大的反射系数幅度不超过-10 dB，由此可见，综合出来的传统的切比雪夫函数滤波器明显不能满足设计要求。再来看非等纹带通滤波器的仿真结果，由表可知，对于RL_{S2} = -15 dB的情况，通带内最大的反射系数的幅度值在-10.04 dB，小于所要求的-10 dB；对于RL_{S2} = -20 dB的情况，通带内最大的反射系数的幅度值在-9.29 dB，也是接近于所要求的-10 dB。从而可知，两组非等纹的带通滤波器仿真得到的频率响应曲线比传统切比雪夫函数仿真得到的结果要好。再对带宽减小的问题进行比较，理想的相对带宽为82.5%，由表可知，传统的切比雪夫函数滤波器明显不能满足带宽的要求，而对于非等纹带通滤波器，当RL_{S2} = -15 dB时，相对带宽只减小了2.3%。因此，非等纹带通滤波器受介质损耗和金属损耗的影响较小，它能够有效地改善通带内插入损耗减小及通带带宽减小的问题。

表3-2 综合得到的滤波器的带宽比较

传输极点数	理想相对带宽 Δ_{RL_1}	RL_{S1}/dB	RL_{S2}/dB	S_{11max}/dB	Δ_{RL_1}	误差/Δ
5	82.5%	-10	-10	-7.40	—	—
5	82.5%	-10	-15	-10.04	80.6%	↓2.3%
5	82.5%	-10	-20	-9.29	—	—

3.4.2　加工误差分析

在实际的电路加工过程中，由于存在一定的加工误差，加工出来的电路会比实际尺寸大或者小。在本小节中，将介绍加工误差对传统的切比雪夫函数滤波器及对非等纹响应滤波器的影响。

图3-17所示为通带内有4个传输极点的传统切比雪夫函数滤波器的频率响应特性曲线，该滤波器通带内的反射波瓣值RL_{s1}设置在-15 dB。图中实线为在滤波器标准尺寸的情况下仿真计算得到的结果，考虑实际加工制作过程中的误差，点画线为滤波器整体尺寸比标准尺寸缩小25.4 μm时仿真计算得到的结果，虚线为滤波器整体尺寸比标准尺寸放大25.4 μm时仿真计算得到的结果。由图3-17可知，当滤波器的实际尺寸比标准尺寸缩小1 μm时，通带带宽范围减小；而当滤波器的实际尺寸比标准尺寸放大1 μm时，通带带宽范围增加。由此可见，滤波器的通带带宽范围受到加工误差的影响。再来看非等纹响应滤波器的情况，图3-18给出了通带内有4个传输极点的非等纹响应带通滤波器的频率响应特性曲线，该滤波器中心反射波瓣值RL_{s1}设置在-15 dB，两边反射波瓣值RL_{s2}设置在-20 dB。图中实线为在滤波器标准尺寸的情况下仿真计算得到的结果，考虑实际加工制作过程中的误差，点画线为滤波器整体尺寸比标准尺寸缩小1 μm时仿真计算得到的结果，虚线为滤波器整体尺寸比标准尺寸放大25.4 μm时仿真计算得到的结果。由图3-18可知，当滤波器的实际尺寸比标准尺寸缩小25.4 μm时，通带

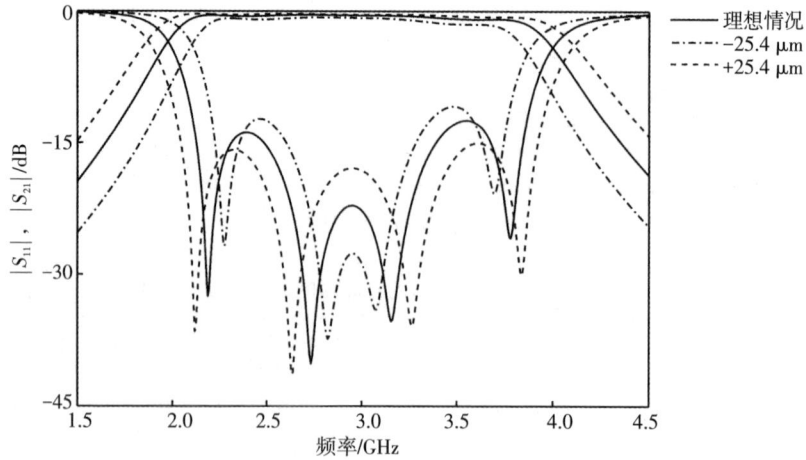

图3-17　通带内有4个传输极点的切比雪夫函数滤波器的频率响应特性曲线

带宽范围减小；而当滤波器的实际尺寸比标准尺寸放大 1 μm 时，通带带宽范围增加。

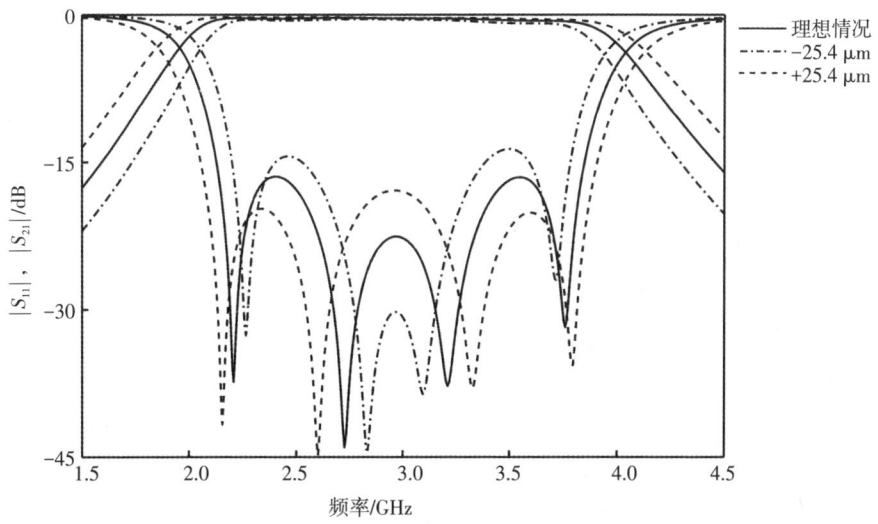

图3-18　通带内有4个传输极点的非等纹带通滤波器的频率响应特性曲线

　　为了将加工误差对传统切比雪夫函数滤波器和非等纹响应带通滤波器的影响进行比较，表3-3给出了加工误差对两种滤波器影响的详细比较。从表中数据可以看出，不管有无加工误差的影响，传统切比雪夫函数滤波器仿真得到的通带内的反射系数幅度的最大值都高于设计要求，非等纹响应带通滤波器仿真得到的结果更好。当没有加工误差时，传统切比雪夫函数滤波器仿真得到的通带内反射系数幅度的最大值在-12.43 dB，而非等纹响应带通滤波器仿真得到的结果为-16.47 dB，此时，传统切比雪夫函数滤波器的相对带宽范围较理想情况减小了7.4%，而非等纹带通滤波器的相对带宽只减小了4.3%。当加工出的实际滤波器的整体尺寸比标准尺寸缩小25.4 μm 时，传统切比雪夫函数滤波器和非等纹响应带通滤波器在通带内的最大反射系数幅度值分别为-10.81 dB 和-13.66 dB，此时两种滤波器的相对带宽较理想情况分别减小了20.6%和14.0%。当加工出的实际滤波器的整体尺寸比标准尺寸放大25.4 μm 时，传统切比雪夫函数滤波器和非等纹响应带通滤波器在通带内的最大反射系数幅度值分别为-15.03 dB 和-17.88 dB，此时两种滤波器的相对带宽较理想情况分别增加了3.4%和5.0%。由此可见，非等纹响应带通滤波器比传统切比雪夫函数滤波器受加工误差的影响更小。

表3-3　加工误差对通带内有4个传输极点带通滤波器的影响

类型	尺寸	S_{11max}/dB	$\Delta_{-3\,dB}$	误差/Δ
传统切比雪夫函数滤波器	理想情况	−12.43	66.0%	↓7.4%
	−25.4 μm	−10.81	56.6%	↓20.6%
	+25.4 μm	−15.03	73.7%	↑3.4%
非等纹响应带通滤波器	理想情况	−16.47	68.2%	↓4.3%
	−25.4 μm	−13.66	61.3%	↓14.0%
	+25.4 μm	−17.88	74.9%	↑5.0%

前面介绍了通带内具有4个传输极点的情况，下面介绍通带内具有5个传输极点的情况。图3-19所示为通带内有5个传输极点的传统切比雪夫函数滤波器的频率响应特性曲线，该滤波器通带内的反射波瓣值RL_{S1}设置在−10 dB。图中实线为在滤波器标准尺寸的情况下仿真计算得到的结果，考虑实际加工制作过程中的误差，点画线为滤波器整体尺寸比标准尺寸缩小25.4 μm时仿真计算得到的结果，虚线为滤波器整体尺寸比标准尺寸放大25.4 μm时仿真计算得到的结果。由图3-19可知，当滤波器的实际尺寸比标准尺寸缩小时，通带带宽范围减小；而当滤波器的实际尺寸比标准尺寸放大时，通带带宽范围增加。对于非等纹带通滤波器的情况，图3-20所示为通带内有5个传输极点的非等纹响应带通滤波器的频率响应特性曲线，该滤波器中间两个反射波瓣值RL_{S1}设置在−10 dB，两边反射波瓣值RL_{S2}设置在−15 dB。图中实线

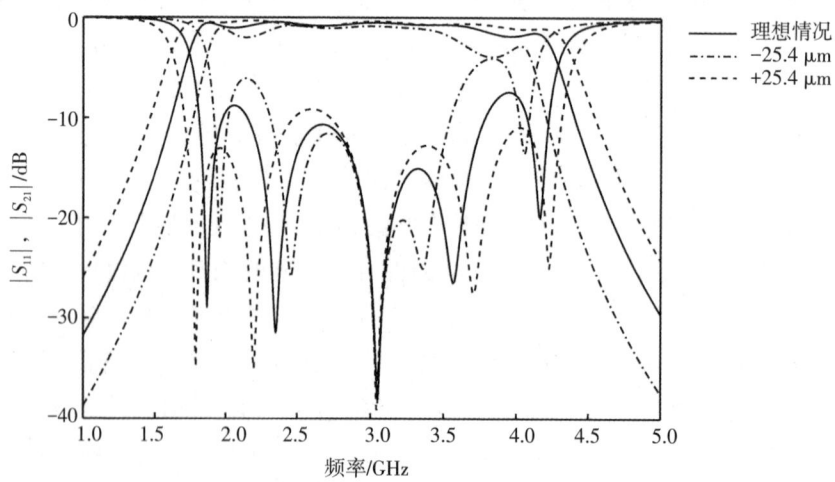

图3-19　通带内有5个传输极点的切比雪夫函数滤波器的频率响应特性曲线

为在滤波器标准尺寸的情况下仿真计算得到的结果，考虑实际加工制作过程中的误差，点画线为滤波器整体尺寸比标准尺寸缩小25.4 μm时仿真计算得到的结果，虚线为滤波器整体尺寸比标准尺寸放大25.4 μm时仿真计算得到的结果。由图3-20可知，当滤波器的实际尺寸比标准尺寸缩小时，通带带宽范围减小；而当滤波器的实际尺寸比标准尺寸放大时，通带带宽范围增加。

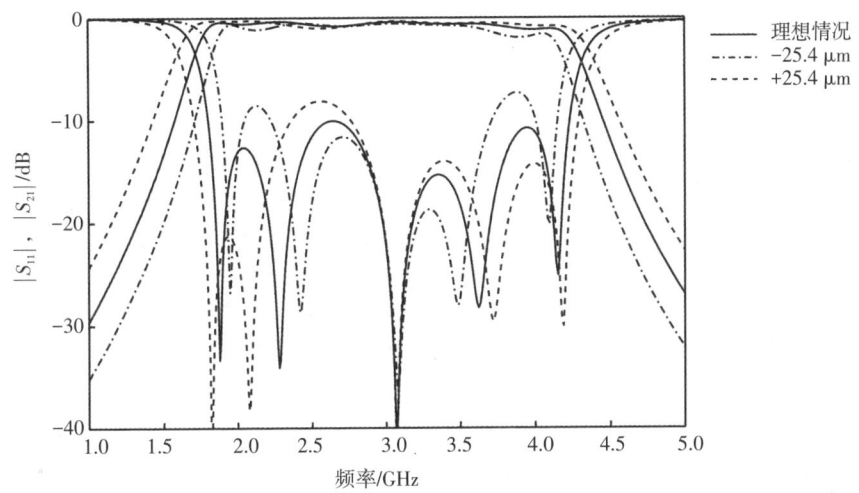

图3-20 通带内有5个传输极点的非等纹带通滤波器的频率响应特性曲线

表3-4所列为加工误差对传统切比雪夫函数滤波器和非等纹响应带通滤波器影响的详细比较。由表可知，无论有无加工误差，传统切比雪夫函数滤波器仿真得到的通带内的反射系数幅度的最大值都高于设计要求，而非等纹响应带通滤波器仿真得到的结果更好。当没有加工误差时，传统切比雪夫函数滤波器仿真得到的通带内反射系数幅度的最大值在-7.40 dB，而非等纹响应带通滤波器仿真得到的结果为-10.04 dB，此时，传统切比雪夫函数滤波器的相对带宽范围较理想值减少了5.8%，而非等纹响应带通滤波器的相对带宽只减少了3.8%。值得注意的是，当加工出的实际滤波器的整体尺寸比标准尺寸缩小25.4 μm时，传统切比雪夫函数滤波器在通带内最大的反射系数幅度为-4.02 dB，而非等纹带通滤波器仿真得到的结果为-7.32 dB，明显优于传统的切比雪夫函数滤波器，两种滤波器的相对带宽较理想情况分别减少了26.8%和12.3%。由此可见，当存在加工误差时，非等纹带通滤波器比传统切比雪夫函数滤波器受其影响更小。

表3-4　加工误差对通带内有5个传输极点带通滤波器的影响

类型	尺寸	S_{11max}/dB	$\Delta_{-3\,dB}$	误差/Δ
传统切比雪夫函数滤波器	理想情况	−7.40	82.9%	↓5.8%
	−25.4 μm	−4.02	64.4%	↓26.8%
	+25.4 μm	−9.11	91.0%	↑3.4%
非等纹响应带通滤波器	理想情况	−10.04	84.7%	↓3.8%
	−25.4 μm	−7.32	77.2%	↓12.3%
	+25.4 μm	−8.12	91.9%	↑4.5%

3.5　非等纹宽带带通滤波器的仿真测试结果

为了验证本章提出的非等纹响应宽带带通滤波器的性能，对该滤波器进行了仿真计算和实际的样件测试。

3.5.1　通带内具有4个传输极点滤波器的仿真测试结果

对于通带内具有4个传输极点的情况，将通带内的反射波瓣值设定为 $RL_{S1}=-15\,dB$，$RL_{S2}=-20\,dB$，通带的相对带宽$\Delta=60\%$。在相对介电常数4.8、厚度0.8 mm的介质材料上对其进行仿真计算和样件测试。图3-21所示

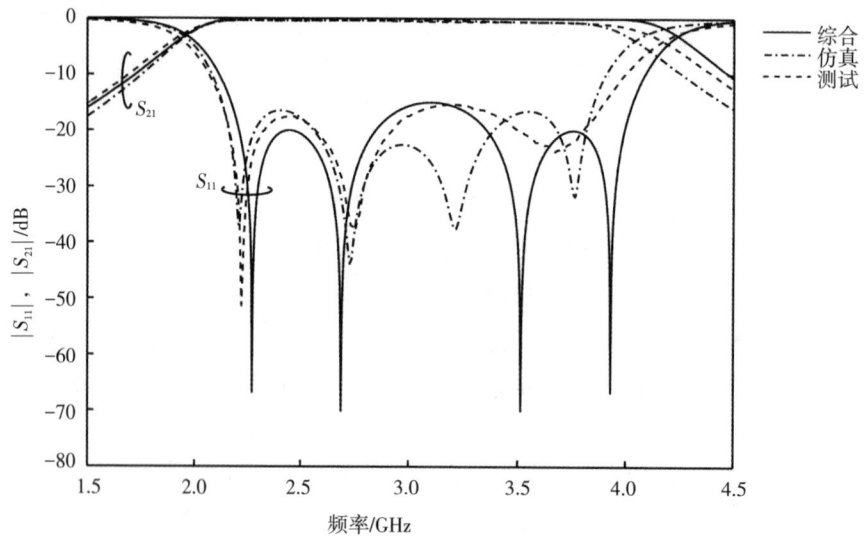

图3-21　通带内有4个传输极点滤波器的综合、仿真以及测试的频率响应特性曲线

为非等纹宽带带通滤波器的综合、仿真及测试得到的频率响应特性曲线。仿真得到的 15 dB 的反射带宽范围为 2.13~3.85 GHz，而测试结果为 2.12 ~ 3.9 GHz，仿真及测试的相对带宽分别为 57.3% 和 59.1%。仿真得到的通带内最大的反射系数的幅度为 -16.47 dB，而测试结果为 -15.35 dB。图 3-22 所示为综合、仿真及测试得到的群时延结果。由图 3-22 可知，仿真及测试的通带内的最大群时延变化不超过 0.4 ns。仿真结果和测试结果都吻合得比较好。图 3-23 所示为该滤波器的样件图。

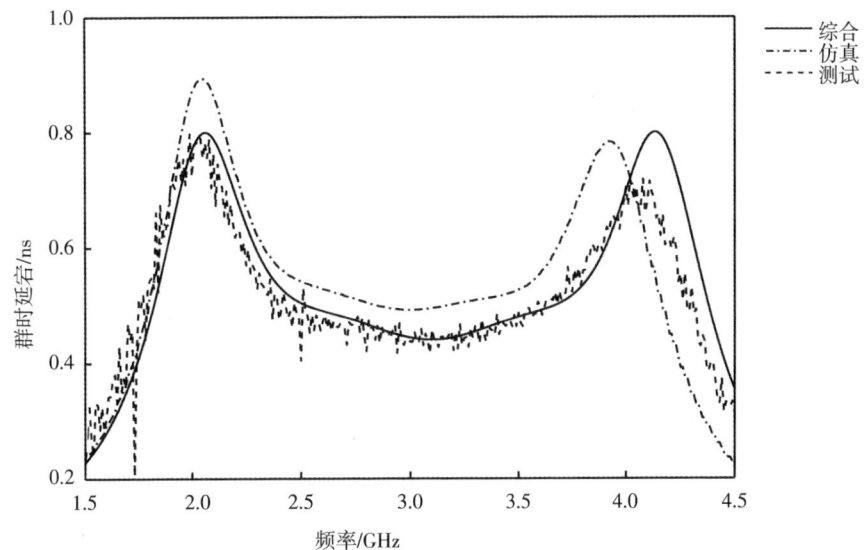

图3-22 通带内有4个传输极点滤波器的综合、仿真及测试的群时延变化

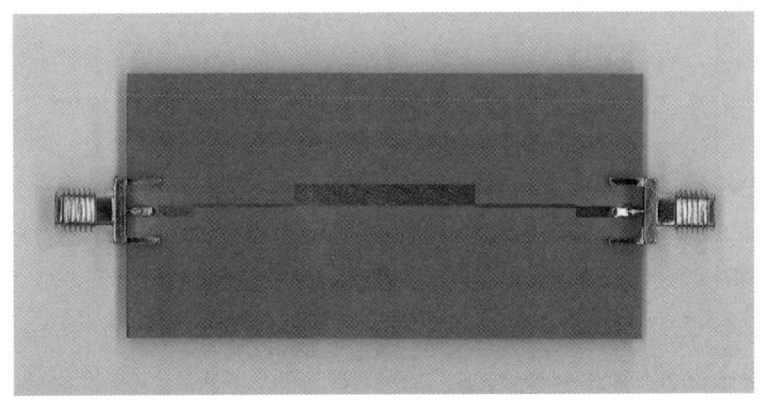

图3-23 通带内有4个传输极点滤波器的加工实物图

3.5.2　通带内具有5个传输极点滤波器的仿真测试结果

前面一小节，给出了通带内有4个传输极点滤波器的仿真测试结果。在本小节，将给出通带内有5个传输极点滤波器的仿真测试结果。采用同样的介质材料对通带内有5个传输极点的滤波器进行仿真计算和样件测试，并且，设定通带内中间两个反射波瓣的值为$RL_{s1}=-10$ dB，两边的两个反射波瓣的值为$RL_{s2}=-15$ dB，通带的相对带宽$\Delta=82.5\%$。

图3-24所示为非等纹响应宽带带通滤波器的综合、仿真及测试得到的频率响应特性曲线。仿真得到的10 dB的反射带宽范围为1.80~4.23 GHz，而测试结果为1.77~4.31 GHz，仿真及测试的相对带宽分别为80.6%和83.6%。从以上结果可以看出，测试得到的相对带宽范围比实际要求值略宽。仿真得到的通带内最大的反射系数的幅度为-10.04 dB，而测试结果为-10.09 dB。图3-25所示为综合、仿真及测试得到的群时延结果。由图3-25可知，仿真及测试的通带内的最大群时延变化不超过0.7 ns。仿真结果和测试结果都吻合得比较好。图3-26给出了该滤波器的样件图。从以上结果可知，非等纹宽带带通滤波器具有良好的性能，能够很好地满足通带内对反射系数的要求，在实际的工程应用中具有重要的价值。

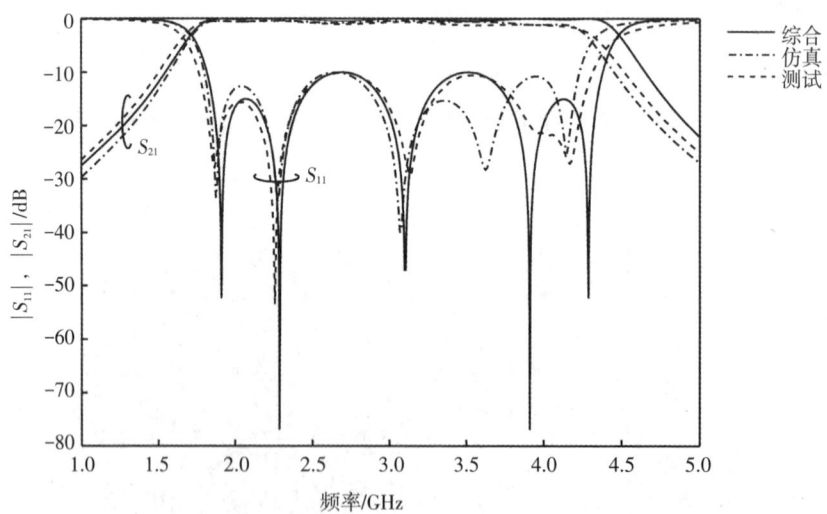

图3-24　通带内有5个传输极点滤波器的综合、仿真以及测试的频率响应特性曲线

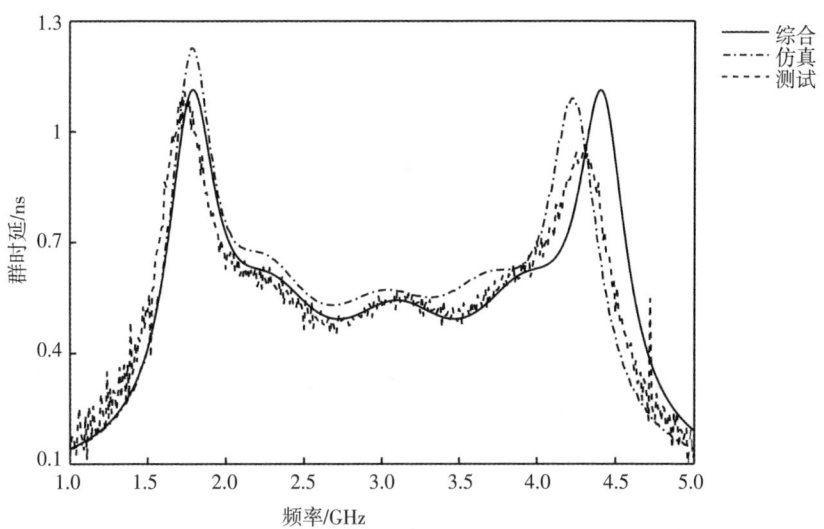

图3-25 通带内有5个传输极点滤波器的综合、仿真以及测试的群时延变化

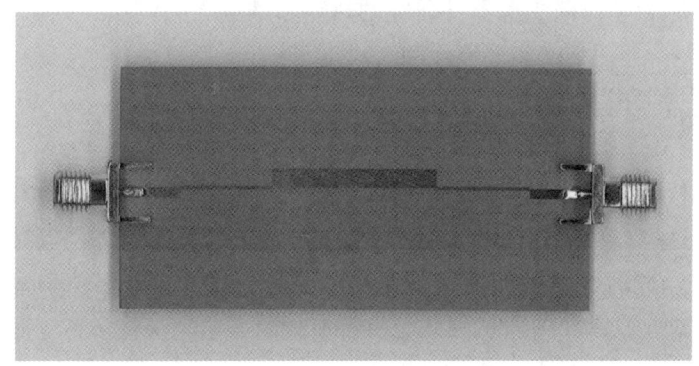

图3-26 通带内有5个传输极点滤波器的加工实物图

3.6 小 结

本章介绍了基于平行耦合线的宽带带通滤波器的非等纹响应综合设计方法，并在此基础上给出了通带内具有偶数个和奇数个传输极点的非等纹响应宽带带通滤波器的理论模型。仿真及测试结果表明，非等纹响应宽带带通滤波器具有优良的性能，能够改善损耗及加工误差对滤波器的影响，有效地解决宽带带通滤波器高频部分插损大、带宽范围减小的难题，在实际工程中具有重要的应用价值。

第4章 微带巴伦

无线通信技术的快速发展，对无源器件的高性能和小型化提出了更高的要求。为了满足这些要求，近年来不少学者已经开始考虑将多种无源器件集成在一起的问题。巴伦（balun）是无源器件中一个十分重要的元件，它能够将平衡的信号转换成不平衡的信号；而滤波器也是无源器件中重要元件之一，它对信号具有选择的作用，即让一定频段内的信号通过，且让其他频段的信号被抑制掉。因此，将巴伦和滤波器集成在一起，形成带滤波功能的巴伦成为了当前无源器件研究的热点和难点之一。

4.1 巴伦的基本概念

在现代无线通信系统中，对终端设备之间数据传输的需求日益增长。为了满足高速率、可靠性强的数据传输的需求，每个设备都需要安装一个射频前端模块。同时，对射频前端模块提出了两个基本的要求：小型化和低成本。为了满足这两个基本的要求，一种有效的方法就是将多种无源器件的功能整合到一起。巴伦在射频前端系统中应用较为广泛，在天线系统中，偶极子天线是平衡元件，而同轴线是不平衡传输线，因此，不能将平衡元件与不平衡元件直接相连，这时就需要巴伦来实现平衡与不平衡之间的转换。此外，在一些模拟电路中，为了减少系统的噪声及提高电路的动态范围，需要平衡的输入和输出，这时也需要巴伦来进行平衡与不平衡之间的转换。由此可见，巴伦在现代无线通信系统中具有十分重要的作用。滤波器也是现代无线通信系统中重要的元件之一，它能够起到很好的信号选择的作用。在现阶段的研究中，为了提高无线通信系统的性能，将巴伦与滤波器集成在一起，能够有效地减小系统的电路尺寸，降低成本。

4.1.1 巴伦结构

巴伦在射频前端无线通信系统中具有重要的作用。先对巴伦的基本结构做一个简单的介绍。图4-1所示为巴伦的等效电路[134]，其中 E_s 为源，Z_{oa} 为源阻抗，它们与输入端相连，负载 Z_{ob} 与输出端相连。如果巴伦无耗，并且在源和负载处都满足阻抗匹配的条件，那么有如下关系式

$$\frac{E_i^2}{Z_{oa}} = 2\frac{E_o^2}{Z_{ob}} \tag{4-1}$$

并且

$$N = \frac{Z_{oa}}{Z_{ob}} \tag{4-2}$$

当 $Z_{oa} = Z_{ob}$ 时，巴伦可以看作相差为180°的功分器，可以得到如下关系式

$$E_o = \frac{E_i}{\sqrt{2}} \tag{4-3}$$

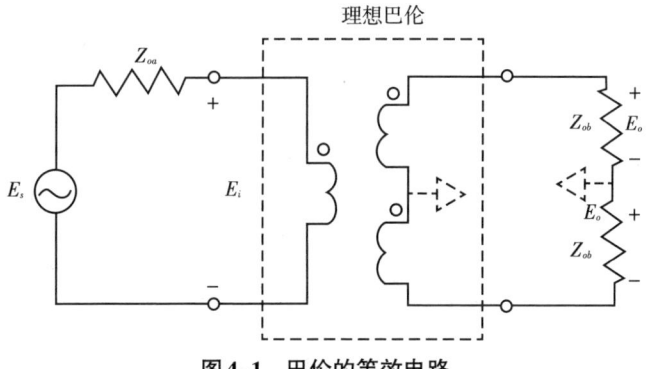

图4-1 巴伦的等效电路

巴伦作为阻抗变换器的功能很明显。输出端口总的负载是 $2Z_{ob}$，这个特性非常适合应用于平衡负载，如偶极子天线。

4.1.2 巴伦的网络模型

巴伦是一种典型的三端口网络结构，在三个端口中，其中一个是不平衡端口，另外两个则为平衡端口，从而实现平衡和不平衡之间的转换，图4-2所示为其网络模型[135]。由图可知，左边的端口1为不平衡端口，右边的端口2，3为平衡端口。

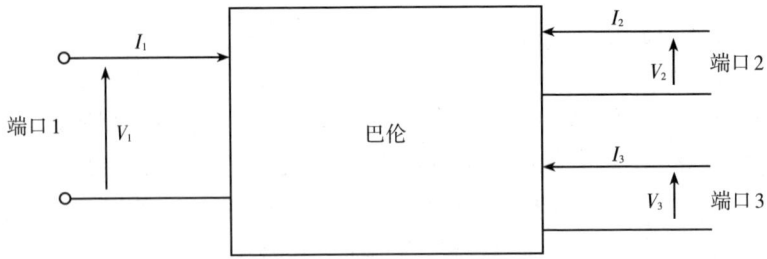

图4-2 巴伦的网络结构

三个端口的电压、电流关系可以通过导纳参数来表示，即

$$I_1 = Y_{11}V_1 + Y_{12}V_2 + Y_{13}V_3 \tag{4-4}$$

$$I_2 = Y_{21}V_1 + Y_{22}V_2 + Y_{23}V_3 \tag{4-5}$$

$$I_3 = Y_{31}V_1 + Y_{32}V_2 + Y_{33}V_3 \tag{4-6}$$

用矩阵的形式表示为

$$[I] = [Y][V] \tag{4-7}$$

其中，$[I]$ 为电流矩阵，$[Y]$ 为导纳矩阵，$[V]$ 为电压矩阵。网络的导纳矩阵 $[Y]$ 可以表示为

$$[Y] = \begin{bmatrix} Y_{11} & Y_{12} & Y_{13} \\ Y_{21} & Y_{22} & Y_{23} \\ Y_{31} & Y_{32} & Y_{33} \end{bmatrix} \tag{4-8}$$

由于网络互易，那么有

$$Y_{ij} = Y_{ji} \tag{4-9}$$

即

$$Y_{12} = Y_{21} \tag{4-10}$$

$$Y_{13} = Y_{31} \tag{4-11}$$

$$Y_{23} = Y_{32} \tag{4-12}$$

又由于该三端口网络中端口1为不平衡端口，端口2，3为平衡端口，那么有

$$V_2 = -V_3 \tag{4-13}$$

$$I_2 = -I_3 \tag{4-14}$$

将方程式（4-10）~式（4-12）和式（4-13）~式（4-14）代入方程式（4-4）~式（4-6）中，可以得到

$$Y_{12} = -Y_{13} \tag{4-15}$$

$$Y_{22} = Y_{33} \tag{4-16}$$

以上关系式为巴伦三端口网络的导纳表达式，同时是巴伦的平衡条件。若令端口1的输入导纳为Y_1，端口2，3的输出导纳为Y_2，由方程式（4-4）~式（4-6）和式（4-15）~式（4-16）可以得到

$$Y_1 = Y_{11} - \frac{2Y_{12}^2}{Y_2 + Y_{22} - Y_{23}} \tag{4-17}$$

4.1.3 平行耦合线分析巴伦

巴伦的工作原理可以利用一对线宽相等的平行耦合线来分析[136]。图4-3所示为一对平行耦合线的结构，耦合线的电长度为中心频率的四分之一波长，即λ/4。这个结构可以利用奇偶模来进行分析。图4-4和图4-5所示分别为奇偶模电路图。

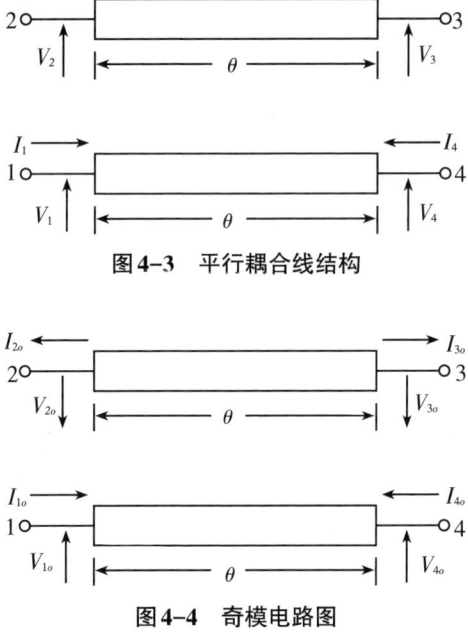

图4-3　平行耦合线结构

图4-4　奇模电路图

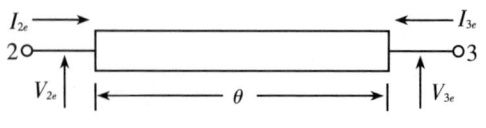

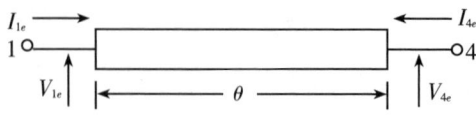

图4-5 偶模电路图

四端口的电压、电流关系可以通过导纳参数来表示，即

$$
\begin{bmatrix} I_1 \\ I_2 \\ I_3 \\ I_4 \end{bmatrix} = \begin{bmatrix} Y_{11} & Y_{12} & Y_{13} & Y_{14} \\ Y_{21} & Y_{22} & Y_{23} & Y_{24} \\ Y_{31} & Y_{32} & Y_{33} & Y_{34} \\ Y_{41} & Y_{42} & Y_{43} & Y_{44} \end{bmatrix} \cdot \begin{bmatrix} V_1 \\ V_2 \\ V_3 \\ V_4 \end{bmatrix}
$$

(4-18)

那么用矩阵的形式表示为

$$
[I] = [Y][V]
$$

(4-19)

其中 $[I]$ 为电流矩阵，$[Y]$ 为导纳矩阵，$[V]$ 为电压矩阵。网络的导纳矩阵 $[Y]$ 可以表示为

$$
[Y] = \begin{bmatrix} Y_{11} & Y_{12} & Y_{13} & Y_{14} \\ Y_{21} & Y_{22} & Y_{23} & Y_{24} \\ Y_{31} & Y_{32} & Y_{33} & Y_{34} \\ Y_{41} & Y_{42} & Y_{43} & Y_{44} \end{bmatrix}
$$

(4-20)

对于同向介质材料

$$
Y_{11} = Y_{22} = Y_{33} = Y_{44} = -\mathrm{j}(Y_{0o} + Y_{0e})\frac{\cot\theta}{2}
$$

(4-21)

$$
Y_{12} = Y_{21} = Y_{34} = Y_{43} = \mathrm{j}(Y_{0o} - Y_{0e})\frac{\cot\theta}{2}
$$

(4-22)

$$
Y_{13} = Y_{31} = Y_{24} = Y_{42} = -\mathrm{j}(Y_{0o} - Y_{0e})\frac{\csc\theta}{2}
$$

(4-23)

$$
Y_{14} = Y_{41} = Y_{23} = Y_{32} = \mathrm{j}(Y_{0o} + Y_{0e})\frac{\csc\theta}{2}
$$

(4-24)

当 $\theta = 90°$ 时

$$Y_{11} = Y_{22} = Y_{33} = Y_{44} = 0 \tag{4-25}$$

$$Y_{12} = Y_{21} = Y_{34} = Y_{43} = 0 \tag{4-26}$$

$$Y_{13} = Y_{31} = Y_{24} = Y_{42} = \frac{-j(Y_{0o} + Y_{0e})}{2} \tag{4-27}$$

$$Y_{14} = Y_{41} = Y_{23} = Y_{32} = \frac{j(Y_{0o} + Y_{0e})}{2} \tag{4-28}$$

当端口 2 短路，即 $V_2 = 0$，其他端口接匹配负载时，端口 1 到端口 3 的转移电压可以通过 Y 参数到 S 参数的转换获得

$$S_{31} = \frac{j2Y_0 Y_A}{Y_0^2 + Y_A^2 + Y_B^2} \tag{4-29}$$

其中，$Y_0 = 1/Z_0$，$Y_A = (Y_{0o} - Y_{0e})/2$，$Y_B = (Y_{0o} + Y_{0e})/2$。同样地，端口 4 到端口 1 的转移电压可以表示为

$$S_{41} = \frac{-j2Y_0 Y_B}{Y_0^2 + Y_A^2 + Y_B^2} \tag{4-30}$$

$$\frac{S_{31}}{S_{41}} = -\frac{Y_A}{Y_B} = -\frac{Y_{0o} - Y_{0e}}{Y_{0o} + Y_{0e}} \tag{4-31}$$

以上关系式表明，当 $\theta = 90°$ 时，S_{31} 和 S_{41} 有 $180°$ 的相位差。巴伦工作的频段内的条件为

$$\left| \frac{S_{31}}{S_{41}} \right| = 1 \tag{4-32}$$

$$\left| \angle S_{31} - \angle S_{41} \right| = 180°$$

当 $Y_{0o} = 0$ 或者是 $Z_{0e} = \infty$ 时，上述条件得到满足，也就意味着地平面的影响可以忽略。当完美匹配时，$S_{11} = 0$，即

$$Y_0^2 = Y_A^2 + Y_B^2 \tag{4-33}$$

或者是

$$Z_{0o} = \frac{Z_0}{\sqrt{2}} \tag{4-34}$$

式（4-34）中，Z_0 为源或负载阻抗。

4.1.4　巴伦的技术参数

巴伦的主要技术参数有以下五点。

（1）工作的中心频率

工作的中心频率指巴伦工作时的中心频率，即f_0。

（2）驻波系数

驻波系数指通带内的电压驻波比，通常指输入端口即不平衡端口的电压驻波比。

（3）带宽

带宽指巴伦工作时的频带范围，有绝对带宽和相对带宽之分。绝对带宽是指巴伦的上边带和下边带截止频率的绝对差，即$\Delta f = f_{max} - f_{min}$，其中$f_{max}$为上边带的截止频率，$f_{min}$为下边带的截止频率。相对带宽是指绝对带宽与中心频率的比值，即$\Delta f / f_0$。

（4）相位平衡度

相位平衡度指工作频段内两个平衡端口的相位差，在理想情况下两个平衡端口的相位差为180°，通常以180° ± 5°来衡量。

（5）幅度平衡度

幅度平衡度指工作频段内两个平衡端口的幅度差，在理想情况下两个平衡端口的相位差为0 dB，通常以（0±1）dB来衡量。

4.1.5　同轴Marchand巴伦

由于巴伦在天线、微波混频器、倍频器等设备中具有较为广泛的应用，其种类繁多，需要根据要求来选择不同的结构。在本小节中，将对常见的同轴Marchand巴伦结构做一个简单的介绍。

图4-6所示为同轴Marchand巴伦的结构示意图[136]。由图4-6可知，巴伦由两根同轴线组合而成，即同轴线a和同轴线b，两根同轴线的特性阻抗分别为Z_a和Z_b。平衡信号出现在o和o'点。两根同轴线的内导体的其中一头分别连接在c和c'点，同轴线b的内导体的另外一头开路。两根同轴线的外导体相互耦合，形成了特性阻抗为Z_{ab}的平衡线。两根同轴线的外导体在d点相连。这个巴伦的等效电路如图4-7所示。该电路为无耗，那么在c和c'点的输入阻抗可以表示为

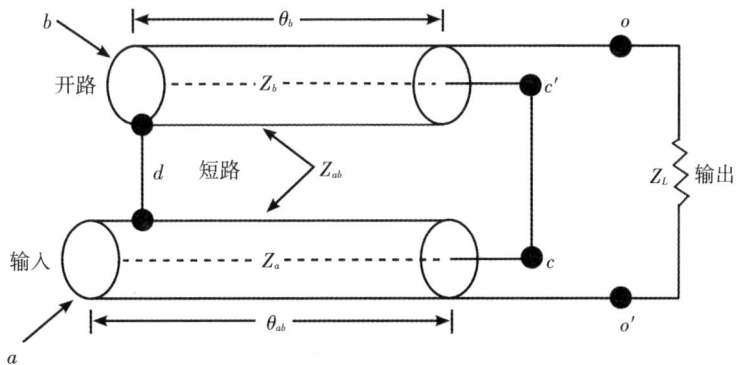

图4-6 同轴巴伦结构示意图

$$Z_{in} = -jZ_b \cot\theta_b + \frac{jZ_L Z_{ab} \tan\theta_{ab}}{Z_L + jZ_{ab} \tan\theta_{ab}} \tag{4-35}$$

将$\theta_b = \theta_{ab} = \theta$代入方程式（4-35）得

$$Z_{in} = \frac{Z_L Z_{ab}^2 + j\cot\theta \left[Z_L^2 \left(Z_{ab} - Z_b \cot^2\theta \right) - Z_b Z_{ab}^2 \right]}{Z_{ab}^2 + Z_L^2 \cot^2\theta} \tag{4-36}$$

当

$$\left. \begin{array}{l} Z_a = Z_b \\ Z_{ab} = Z_L \end{array} \right\} \tag{4-37}$$

有

$$Z_{in} = Z_L \sin^2\theta + j\cot\theta \left(Z_L \sin^2\theta - Z_a \right) \tag{4-38}$$

输入阻抗与Z_a完美匹配的条件为

$$\sin^2\theta = \frac{Z_a}{Z_L} \tag{4-39}$$

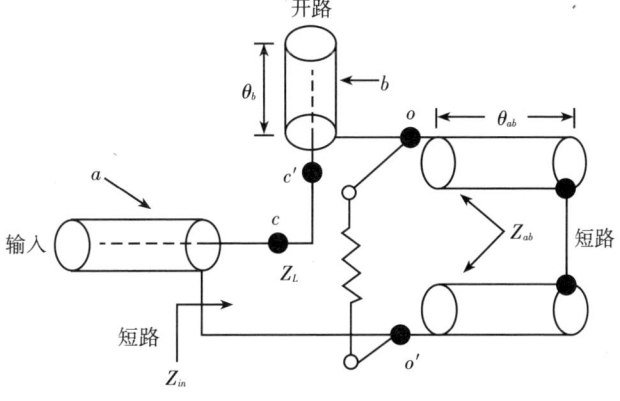

图4-7 同轴巴伦结构等效电路图

4.2 环形谐振的基本理论

环形谐振器在无源器件的研究设计中具有十分重要的作用，本小节将对环形谐振的基本理论做一个简单介绍。

4.2.1 环形谐振器的谐振频率

图4-8所示为单端口的正方形环形谐振器。对于任何形状的环形谐振器，其总的长度由两部分组成，即长度为l_1的部分和长度为l_2的部分。在图4-8所示的正方形环形谐振器中，每部分都看作传输线，z_1、z_2分别为对应长度为l_1部分和长度为l_2部分的坐标。环形谐振器的馈电部分的源电压为V，由图可知，此处的$z_{1,2} < 0$。$z_{1,2}$为零的位置是随意选取的。

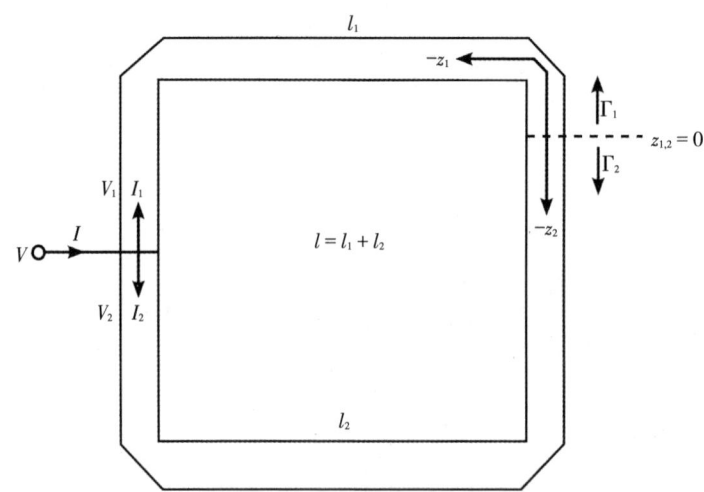

图4-8　单端口的环形谐振器

对于无耗传输线，两部分的电压、电流可以表示为[137]

$$V_{1,2}(z_{1,2}) = V_o^+\left[e^{-j\beta z_{1,2}} + \Gamma_{1,2}(0)e^{j\beta z_{1,2}}\right] \tag{4-40}$$

$$I_{1,2}(z_{1,2}) = \frac{V_o^+}{Z_o}\left[e^{-j\beta z_{1,2}} - \Gamma_{1,2}(0)e^{j\beta z_{1,2}}\right] \tag{4-41}$$

其中，$V_o^+ e^{-j\beta z_{1,2}}$为在$+z_{1,2}$方向上的入射波，$V_o^+\Gamma_{1,2}(0)e^{j\beta z_{1,2}}$为在$-z_{1,2}$方向上的反射波，$\Gamma_{1,2}(0)$为在$z_{1,2}=0$处的反射系数，$Z_0$为环的特性阻抗。

当环形谐振器谐振时，环上有驻波。通过这些驻波最大值的位置，可以得到能够支持这些驻波的环形谐振的最小长度。这些驻波最大值的位置可以通过式（4-40）和式（4-41）得到。式（4-40）两边对 $z_{1,2}$ 求导，得到

$$\frac{\partial V_{1,2}(z_{1,2})}{\partial z_{1,2}} = -j\beta V_o^+ \left[e^{-j\beta z_{1,2}} - \Gamma_{1,2}(0) e^{j\beta z_{1,2}} \right] \tag{4-42}$$

令 $\dfrac{\partial V_{1,2}(z_{1,2})}{\partial z_{1,2}} \bigg|_{z_{1,2}=0} = 0$ ，可以得到反射系数

$$\Gamma_{1,2}(0) = 1 \tag{4-43}$$

将式（4-43）代入式（4-40）和式（4-41）中，电压、电流可以表示为

$$V_{1,2}(z_{1,2}) = 2V_o^+ \cos(\beta z_{1,2}) \tag{4-44}$$

$$I_{1,2}(z_{1,2}) = -\frac{j2V_o^+}{Z_o} \sin(\beta z_{1,2}) \tag{4-45}$$

基于式（4-44）和式（4-45），得到了 l_1 部分和 l_2 部分上的电压和电流的绝对值，如图4-9所示。由图可知，环形谐振器上每部分的驻波都在 $\lambda_g/2$ 处重复。因此，为了能够支持这些驻波，环形谐振器上每部分的最短长度应为 $\lambda_g/2$，这是环形谐振器的基模。高次模可以表示为

$$l_{1,2} = n\frac{\lambda_g}{2} \quad n = 1,\ 2,\ 3,\ \cdots \tag{4-46}$$

其中 n 表示 n 次模。因此，正方形环形谐振器总的长度为

$$l = l_1 + l_2 = n l_g \tag{4-47}$$

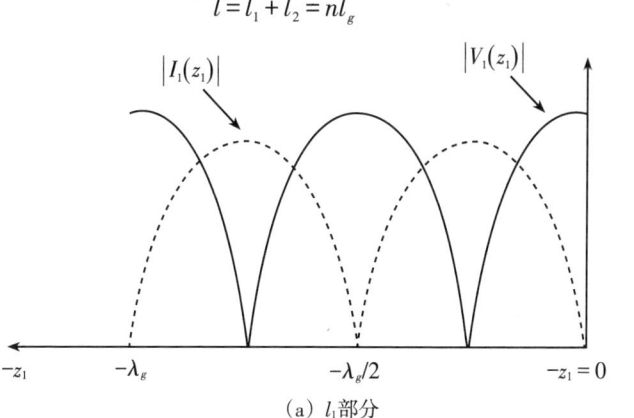

（a）l_1 部分

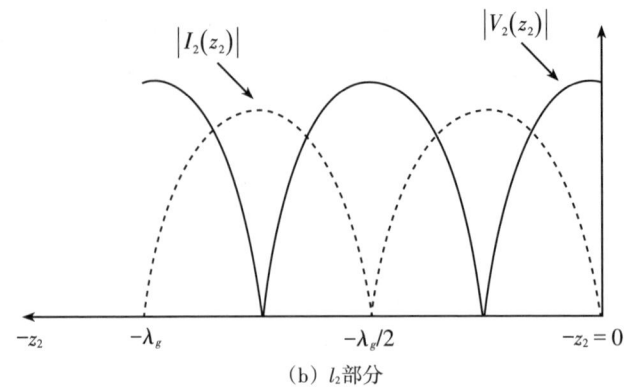

（b）l_2部分

图4-9   电压、电流变化曲线

4.2.2   环形谐振器电路模型

图4-10所示为闭合环谐振器的两端口网络，若端口2开路，即$i_2 = 0$，通过$ABCD$矩阵和Y参数矩阵可以得到一端口的等效输入阻抗，图4-11所示为一端口输入阻抗的等效电路图。

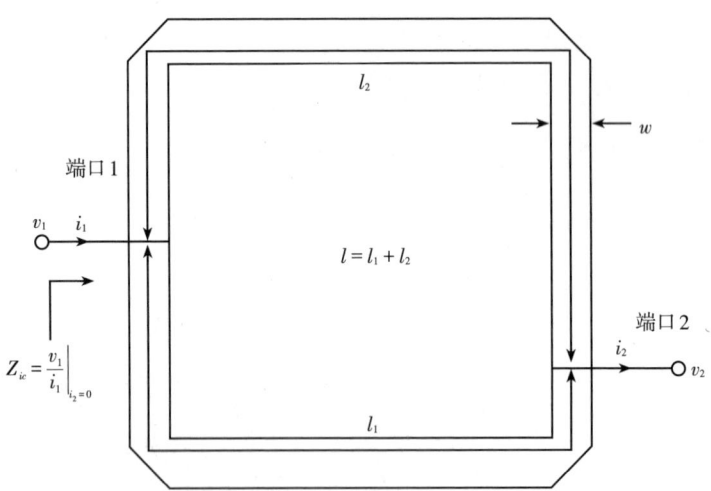

图4-10   闭合环形谐振器两端口网络

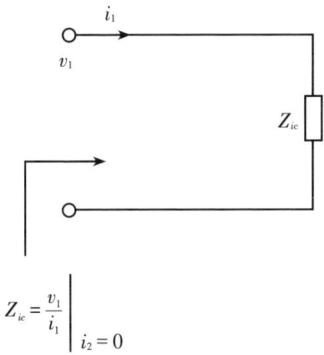

图4-11　一端口输入阻抗的等效电路

由图4-10可知这个环形谐振器被输入端口和输出端口分成了l_1和l_2两部分，即由两个并联部分组合而成。对于这个并联电路，总的Y参数矩阵可以表示为[137]

$$\begin{bmatrix} Y_{11} & Y_{12} \\ Y_{21} & Y_{22} \end{bmatrix} = \begin{bmatrix} Y_o\big[\coth(\gamma l_1) + \coth(\gamma l_2)\big] & -Y_o\big[\operatorname{csch}(\gamma l_1) + \operatorname{csch}(\gamma l_2)\big] \\ -Y_o\big[\operatorname{csch}(\gamma l_1) + \operatorname{csch}(\gamma l_2)\big] & Y_o\big[\coth(\gamma l_1) + \coth(\gamma l_2)\big] \end{bmatrix} \tag{4-48}$$

令$i_2 = 0$，环形谐振器的输入阻抗Z_{ic}可以表示为

$$Z_{ic} = \frac{Y_{22}}{Y_{11}Y_{22} - Y_{12}Y_{21}} = \frac{Z_o}{2} \frac{1 + \mathrm{j}\tanh(\alpha l_g)\tan(\beta l_g)}{\tanh(\alpha l_g) + \mathrm{j}\tan(\beta l_g)} \tag{4-49}$$

其中，$l_g = l/2 = \lambda_g/2$，输入阻抗Z_{ic}可以近似为

$$Z_{ic} \approx \frac{\dfrac{Z_a}{2\alpha l_g}}{1 + \dfrac{\mathrm{j}\pi\Delta\omega}{\alpha l_g \omega_o}} \tag{4-50}$$

对于一个并联的G，L，C电路，输入阻抗可以表示为

$$Z_i = \frac{1}{G + 2\mathrm{j}\Delta\omega C} \tag{4-51}$$

比较式（4-50）和式（4-51），环形谐振器等效电路中的电导可以表示为

$$G_c = \frac{2\alpha l_g}{Z_o} = \frac{\alpha\lambda_g}{Z_o} \qquad (4\text{-}52)$$

环形谐振器等效电路中的电容可以表示为

$$C_c = \frac{\pi}{Z_o\omega_o} \qquad (4\text{-}53)$$

环形谐振器等效电路中的电感可以表示为

$$L_c = \frac{1}{\omega_o^2 C_c} \qquad (4\text{-}54)$$

其中，G_c，L_c，C_c分别表示闭合环形谐振器的等效电导、等效电感和等效电容。图4-12所示为环形谐振器用G_c，L_c，C_c来表示的等效电路。环形谐振器的无载Q可以通过式（4-52)~式（4-54）来得到，可以表示为

$$Q_{uc} = \frac{\omega_o C_c}{G_c} = \frac{\pi}{\alpha\lambda_g} \qquad (4\text{-}55)$$

图4-13为开路的$\lambda_g/2$的环形谐振器的示意图。由图可知，l_3是环的物理长度，C_g是缝隙电容，C_f是由边沿场产生的边沿电容，边沿电容可以用等效长度Δl来代替。由此可见，这个环形谐振器对应于基模的等效长度为$l_3 + 2\Delta l = \lambda_g/2 = l_g$。

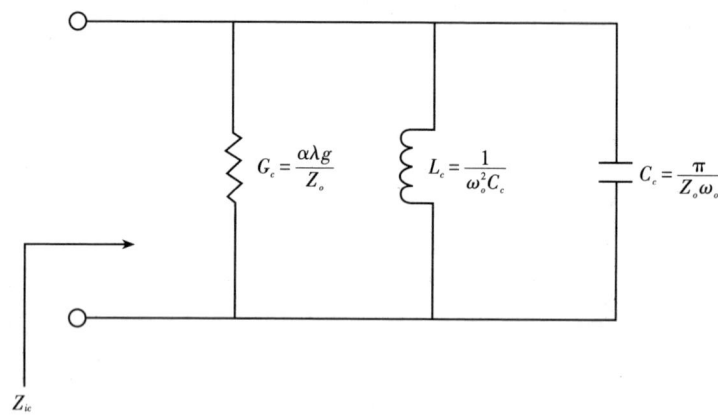

图4-12　环形谐振器等效电路

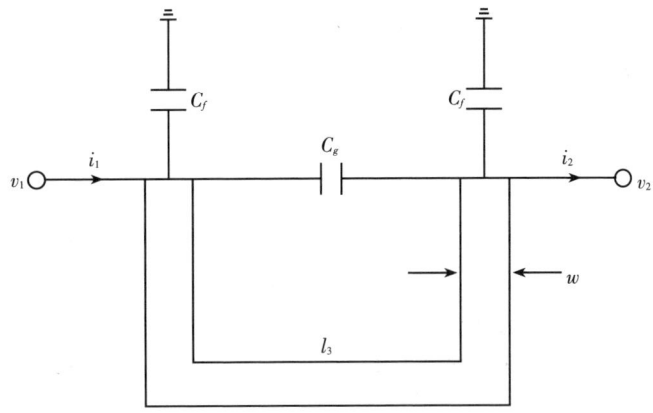

图4-13 开路的$\lambda_g/2$的环形谐振器

开路环的输入阻抗Z_{io}可以近似表示为

$$Z_{io} = \frac{\dfrac{Z_o}{\alpha l_g}}{1 + \dfrac{j\pi\Delta\omega}{\alpha l_g \omega_g}} \tag{4-56}$$

等效电路的电导、电容和电感可以表示为

$$G_o = \frac{\alpha\lambda_g}{2Z_o} \tag{4-57}$$

$$C_o = \frac{\pi}{2Z_o\omega_o} \tag{4-58}$$

$$L_o = \frac{1}{\omega_o^2 C_o} \tag{4-59}$$

其等效电路如图4-14所示。开路环谐振器的无载Q可表示为

$$Q_{uo} = \frac{\omega_o C_o}{G_o} = \frac{\pi}{\alpha\lambda_g} \tag{4-60}$$

将闭合环谐振器和开路环谐振器的等效电导、电容和电感进行比较,即式(4-52)~式(4-54)、式(4-57)~式(4-59),可得,两个谐振器的等效元件G,L,C之间的关系为

$$G_c = 2G_o \tag{4-61}$$

$$C_c = 2C_o \tag{4-62}$$

$$L_c = \frac{L_o}{2} \tag{4-63}$$

此外，由式（4-55）和式（4-60）可知，闭合环谐振器和开路环谐振器的无载 Q 相等，即

$$Q_{uc} = Q_{uo} \qquad (4\text{-}64)$$

式（4-61）和式（4-64）是在闭合环谐振器和开路环谐振器损耗相同的条件下得到的。但是，在实际情况中，闭合环谐振器和开路环谐振器总的损耗一般不相等。除了介质损耗和金属损耗以外，开路环谐振器还有辐射损耗。因此，开路环谐振器总的损耗大于闭合环谐振器。在这种条件下，式（4-61）和式（4-64）可以重新表示为

$$G_c < 2G_o \qquad (4\text{-}65)$$

$$Q_{uc} > Q_{uo} \qquad (4\text{-}66)$$

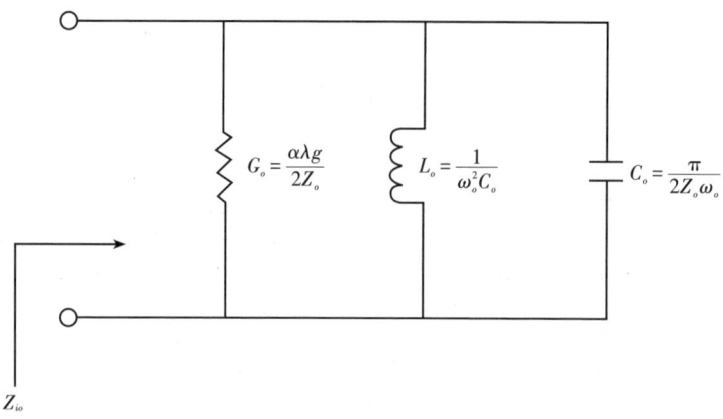

图4-14　开路环谐振器的等效电路

4.3　带滤波功能的双模巴伦

在现代无线通信中，对无线通信系统的小型化、低成本要求越来越高，双模滤波器在无源器件设计中得到了较为广泛的应用。双模滤波器的优点是只需要用一个谐振器就能实现两个模式，且这两个模为正交模。这个优点能够大大降低谐振器的个数，即谐振器的数目比原来使用单模谐振器时减少一半，从而能够有效地实现系统的小型化，降低系统的成本。

为了进一步减小无线通信系统的尺寸，降低成本，近年来出现了将多个器件整合在一起的电路设计。巴伦和滤波器在射频前端系统中都具有十分重

要的作用，因此，将巴伦和滤波器集成在一起势必能有效地减小系统的尺寸，降低系统的成本。同时，带滤波器功能的巴伦不仅能够起到很好的频率选择的作用，而且能实现平衡和不平衡之间的转换。因此，越来越多的学者开始对带滤波功能的巴伦进行研究。针对这一问题，本小节介绍一种具有良好带外特性的带滤波功能的双模巴伦[138]。

图4-15所示为带滤波功能的双模巴伦的结构示意图。由图可知，该巴伦是由双模谐振器和三端口馈线组合而成的，该双模谐振器是由环形谐振器和加载的微扰T形支节组成的。由于环形谐振器中存在两个模式，且两个模式的谐振频率相同，即为简并模，通过引入T形支节的微扰，可以将两个模式分开，从而实现双模的功能。电路中端1口为不平衡端口，端口2，3为平衡端口，端口1垂直于端口2，3。两个平衡端口之间的电尺寸为工作频率的半个波长，即$\lambda_g/2$，并且两个平衡端口（即端口2，3）输出的幅度值相等，相位差为180°。

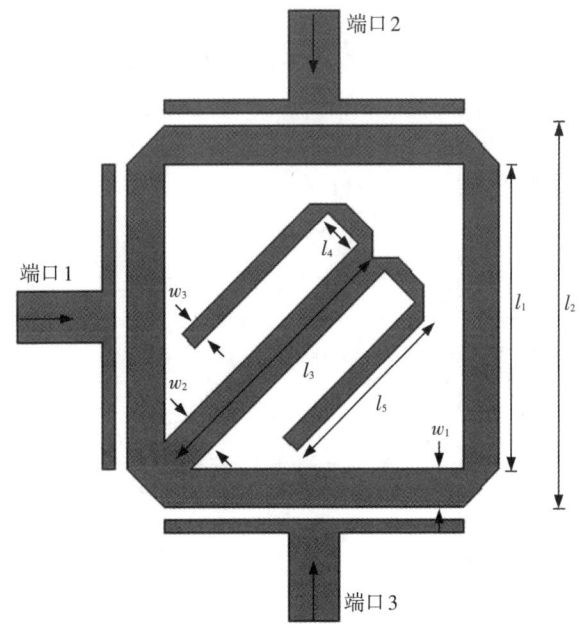

图4-15 带滤波功能的双模巴伦

过去传统的双模谐振器大都利用的是前两个模来构成双模，如果微扰为电容微扰，双模滤波器的响应为椭圆函数响应，通带两边会有两个传输零点；若微扰为电感微扰，双模滤波器的响应为切比雪夫响应，通带两边没有传输零点。为了改善带外的特性，通过继续加长微扰的长度来实现，即通过微扰的尺寸来控制通带内的模。图4-16所示为前三个频率随加载支节长度加长的变化曲线。由图4-16可知，当l_3从2.6 mm增加到28.6 mm时，第一对简并模中的一个模，即f_1开始向低频方向移动；而第一对简并模中的另一个模，即f_2却维持在原位置没有发生变化。此时，再来观察第二对简并模中的一个模，即f_3也随着l_3的增长向低频方向移动。由此可见，可以通过调节加载微扰支节的长度来控制模的位置。这同时意味着，既可以用前两个模来实现双模滤波器的功能，也可以用后两个模来实现双模滤波器的功能，而在过去的研究中，学者们通常采用第一对简并模来实现双模滤波器的功能。对于图4-15所示的结构，若采用第一对简并模来实现双模滤波器的功能，可选用图4-16中的A和A'两个频率点来实现，此时对应的加载微扰的长度l_3为3.9 mm；若采用第一对简并模中的一个模和第二对简并模中的一个模来实现双模滤波器的功能，可选用图4-16中的B和B'两个频率点来实现，此时对应的加载微扰的长度l_3为27.3 mm。

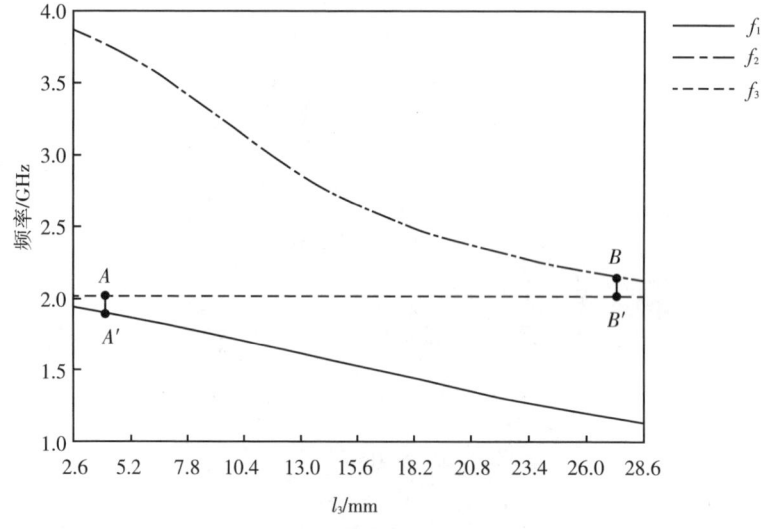

图4-16　谐振频率随l_3的变化曲线

对图4-16所示的A-A'和B-B'两种情况的频率响应特性曲线进行了研究，图4-17所示为两种情况在弱耦合下的频率响应特性曲线图。由图4-17可知，当用第一对简并模构成双模滤波器时，通带两边没有传输零点，而当用第一对简并模中的一个模和第二对简并模中的一个模构成双模滤波器时，通带外产生一个传输零点，在3.3 GHz附近。由此可见，利用图4-16中的B-B'来构成双模滤波器，可以有效地改善带外特性。

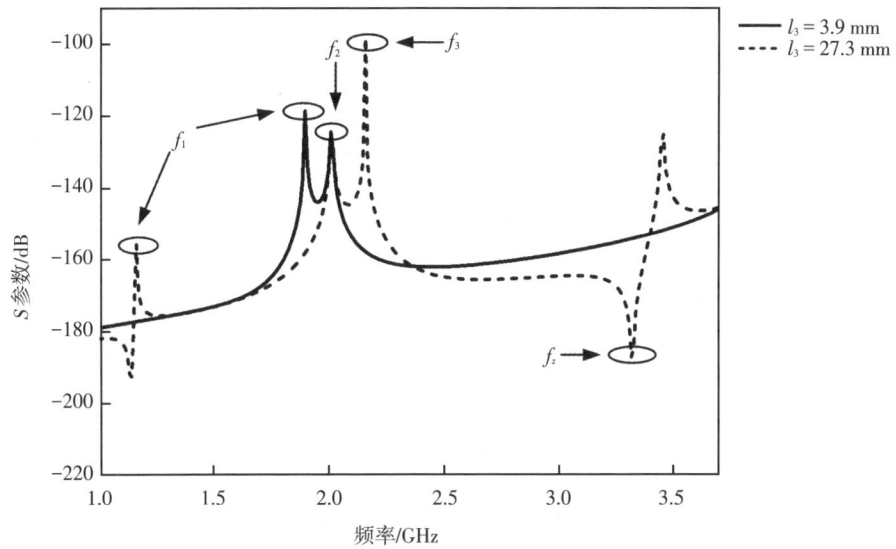

图4-17 弱耦合下的S曲线

为了验证该滤波巴伦的特性，利用ADS仿真软件对其工作性能进行了考察，并使用矢量网络分析仪对其性能进行了相关测试，图4-18所示为该巴伦仿真及测试的频率响应特性曲线。从图上可以看出，仿真和测试的结果吻合得很好，测试得到的通带内的最小插入损耗为（3±1.1）dB，损耗主要由导

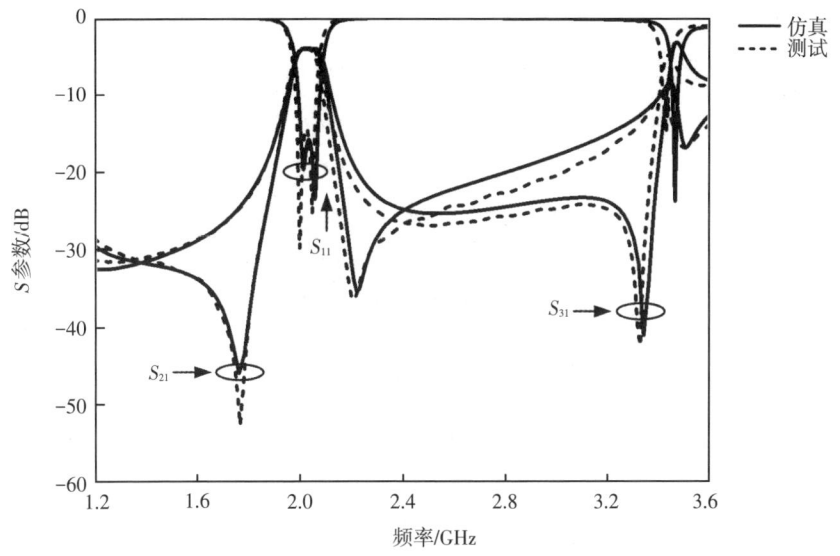

图4-18 仿真和测试的频率响应曲线

体损耗和介质损耗引起，降低这部分损耗可以采用损耗更低的介质材料来实现，通带内最大的回波损耗为29.9 dB，带外三个传输零点的位置分别为1.77，2.21，3.33 GHz。图4-19所示为测试得到的两个平衡端口（即端口2，3）的幅度差和相位差。从图上可以看出，在频率范围1.99~2.06 GHz内，测试得到的两个平衡端口的幅度差在1 dB内，测试得到的两个端口的相位差为180°±5°。由此可见，带T形加载微扰的双模巴伦不仅结构简单，而且性能优良，不需要折叠其他的滤波元件，就可在带外增加一个传输零点，同时，通带内的双模特性能很好地维持，该巴伦不仅结构紧凑，而且具有带外多传输零点的优良性能。图4-20所示为该巴伦的样片图。表4-1所列为该巴伦的电路结构参数。

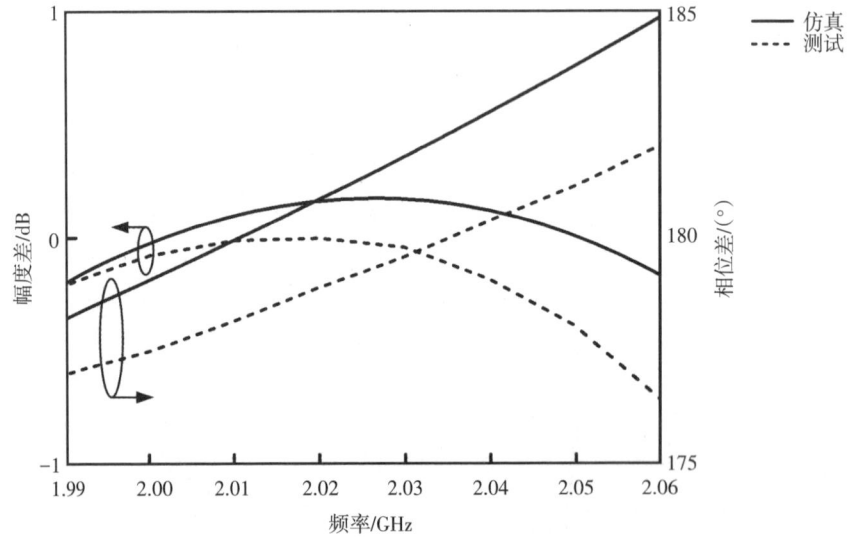

图4-19　测试得到的平衡端口的幅度差和相位差

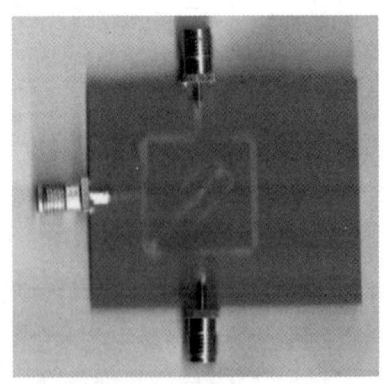

图4-20　巴伦的加工实物图

表4-1 巴伦的电路结构参数

电路参数	单位/mm	介质基片参数
w_1	1.5	
w_2	1.5	
w_3	0.75	
l_1	19	相对介电常数 $\varepsilon_r = 4.8$
l_2	22	厚度 $h = 0.8\ \mathrm{mm}$
l_3	19.7	
l_4	2	
l_5	12.74	

4.4 小 结

本章首先对巴伦做了简单的介绍，包括巴伦的基本结构、网络模型及技术参数等。然后，回顾了环形谐振器的基本理论，并介绍了一种良好性能的带滤波器功能的双模巴伦。通过调节微扰支节的尺寸，利用第一对简并模中的一个模与第二对简并模中的一个模设计的具有滤波功能的双模巴伦，实现了带外具有多个传输零点，有效改善了阻带特性，能够很好地适用于射频前端无线通信系统。

第5章　微带功率分配器

功率分配器简称功分器，起着功率分配的作用，它在微波及毫米波通信系统中具有较为广泛的应用，是微波及毫米波无源器件中的重要元件之一。功分器将输入的信号分成两路或多路信号，且被分成的信号可以是等功率的，也可以是不等功率的。随着无线通信技术的发展，尤其是宽带通信技术的发展，对功分器提出了更高的要求，高性能、宽频带、小型化、低成本已成为衡量功分器的重要标准。由于传统的 Wilkinson 功分器为窄带功分器，且谐波影响较为严重，因此，不适合用于宽带通信系统。近年来，宽带通信技术迅猛发展，宽带功分器已成为当前研究的热点和难点之一。同时，由于系统小型化、低成本的要求，将多个器件整合在一起是未来的发展趋势。针对以上情况，本章提出了带滤波功能的宽带功分器，能够很好地适用于现代无线通信系统。

5.1　T形结功分器

功分器的基本结构如图 5-1 所示 [21]。图中端口 1 为输入端口，端口 2，3 为输出端口，α 为输出的功率比，且 $\alpha < 1$。

图5-1　功分器结构示意图

　　T形结是一种结构较为简单的三端口网络[21]，适合于制作输出为两路的功分器。无耗T形结功分器的传输线模型如图5-2所示。由图可知，三段传输线的特性阻抗分别为Z_0，Z_1，Z_2，jB代表在T形结不连续处由杂散场或者是高次模带来的电纳。为了满足传输线阻抗匹配的条件，必须满足条件

$$Y_{in} = jB + \frac{1}{Z_1} + \frac{1}{Z_2} = \frac{1}{Z_0} \tag{5-1}$$

　　若传输线无耗，则三段传输线的特性阻抗Z_0，Z_1，Z_2均为实数，若再令$B = 0$，则式（5-1）可变为

$$\frac{1}{Z_1} + \frac{1}{Z_2} = \frac{1}{Z_0} \tag{5-2}$$

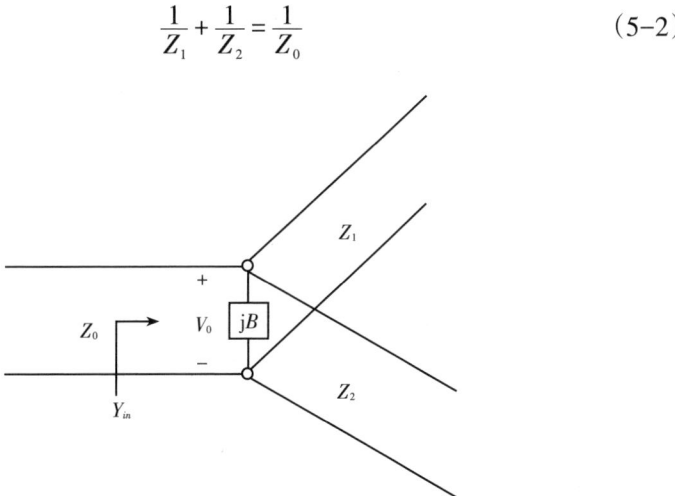

图5-2　T形结的传输线模型

　　在实际的电路中，B不为零，不可忽略，为了抵消电纳B的影响，通常在功分器上添加一些电抗性调谐元件。为了得到所需要的输出功率比，可以通过调节输出传输线的特性阻抗即Z_1，Z_2来实现。对于特性阻抗为50 Ω的输入传输线而言，如果输出端口2，3的功率比为1:1，即实现3 dB等分的功分器，那么，两根输出传输线的阻抗Z_1和Z_2均为100 Ω。无耗T形结功分器的缺点是不能在所有端口匹配，并且输出端口之间没有隔离。

　　若考虑三端口功分器含有有耗元件[21]，如图5-3所示，假设三个端口分别所接的传输线的特性阻抗均为Z_0，三个电阻的阻抗均为$Z_0/3$，那么，从图5-3中所示的Z点看进去的阻抗为

$$Z = \frac{Z_0}{3} + Z_0 = \frac{4Z_0}{3} \tag{5-3}$$

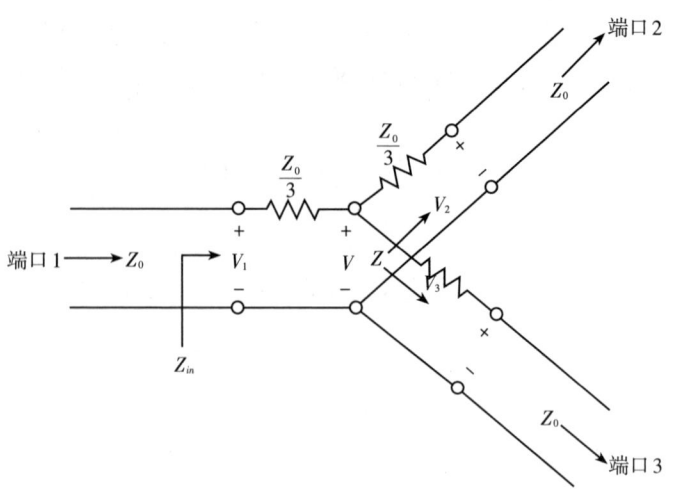

图5-3　三端口等分电阻性功分器

由图可知，输入阻抗Z_{in}可以表示为

$$Z_{in} = \frac{Z_0}{3} + \frac{2Z_0}{3} = Z_0 \tag{5-4}$$

由式（5-4）可知，输入端口是匹配的。又由于该网络从三个端口看均为对称结构，那么，输出端口也是匹配状态，即

$$S_{11} = S_{22} = S_{33} = 0 \tag{5-5}$$

若端口1处的电压为V_1，则V处的电压为

$$V = V_1 \frac{\dfrac{2Z_0}{3}}{\dfrac{Z_0}{3} + \dfrac{2Z_0}{3}} = \frac{2}{3} V_1 \tag{5-6}$$

V_2，V_3处的电压为

$$V_2 = V_3 = V \frac{Z_0}{Z_0 + \dfrac{Z_0}{3}} = \frac{3}{4} V = \frac{1}{2} V_1 \tag{5-7}$$

即

$$S_{21} = S_{31} = S_{23} = \frac{1}{2} \tag{5-8}$$

网络的S矩阵可以表示为

$$[S] = \frac{1}{2} \begin{bmatrix} 0 & 1 & 1 \\ 1 & 0 & 1 \\ 1 & 1 & 0 \end{bmatrix} \tag{5-9}$$

功分器的输入功率为

$$P_{in} = \frac{1}{2}\frac{V_1^2}{Z_0} \tag{5-10}$$

功分器的输出功率为

$$P_2 = P_3 = \frac{1}{2}\frac{\left(\frac{1}{2}V_1\right)^2}{Z_0} = \frac{1}{8}\frac{V_1^2}{Z_0} = \frac{1}{4}P_{in} \tag{5-11}$$

由方程式（5-11）可知，有一半的功率消耗在电阻上。这种电阻性功分器的优点是能在所有端口匹配，但是由于有耗，有一半的功率消耗在电阻上，此外，输出端口也没有隔离。

5.2 Wilkinson功分器

从上一小节中知道无耗T形结功分器和电阻性功分器的主要特点，这一小节将对Wilkinson功分器进行简单的介绍[21]。Wilkinson功分器的优点是既能实现端口的匹配，又能达到输出端口之间的隔离，因此，在现代无线通信系统中Wilkinson功分器得到了较为广泛的应用。为了说明Wilkinson功分器的工作原理，首先考虑两路等分的即3 dB情况的Wilkinson功分器。图5-4所示为Wilkinson功分器的等效传输线电路模型。

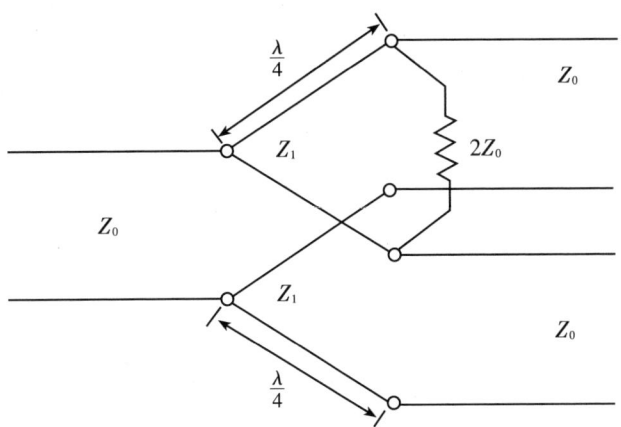

图5-4   Wilkinson功分器等效传输线电路模型

为了分析Wilkinson功分器，将图5-4中的电路结构化为简单的形式，如图5-5所示，再利用奇偶模分析技术来进行分析。在图5-5中，所有的阻抗都对Z_0进行了归一化，并且，两个输出端口即端口2，3接有电源。由图5-5可知，该电路是关于横向中心轴对称的，两个源阻抗的归一化值均为2，并联后阻抗值为1，四分之一波长传输线的归一化阻抗值为Z，并联电阻的归一化值为r。当功分器的两路输出信号等分时，$Z = \sqrt{2}$，$r = 2$。

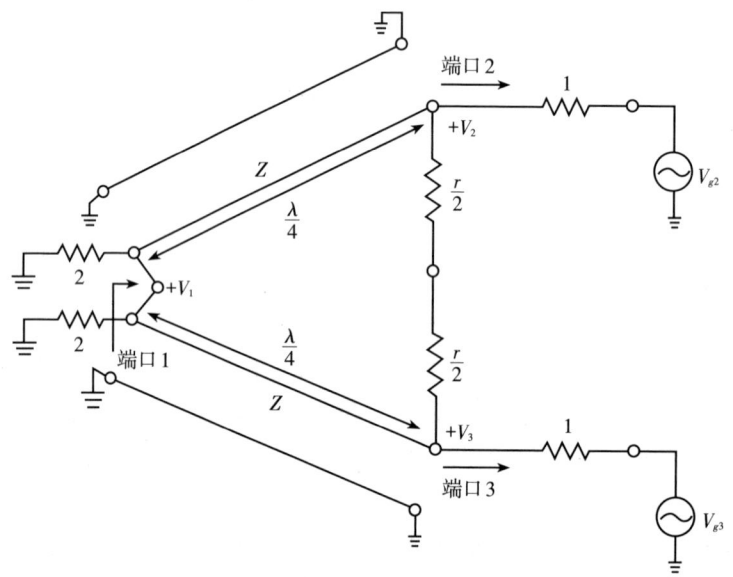

图5-5　对称情况下的Wilkinson功分器

当偶模激励时，$V_{g2} = V_{g3} = 2V_0$，$V_2^e = V_3^e$，电阻$r/2$上没有电流，等效电路如图5-6所示。从端口2看进去的阻抗为

$$Z_{in}^e = \frac{Z^2}{2} \tag{5-12}$$

当$Z = \sqrt{2}$时，端口2为匹配状态，此时，$Z_{in} = 1$，$V_2^e = V_0$。在此情况下，电阻$r/2$的一端为开路状态。如果端口1处为$x = 0$，那么，端口2处$x = \lambda/4$，传输线上的电压可以表示为

$$V(x) = V^+\left(e^{-j\beta x} + \Gamma e^{j\beta x}\right) \tag{5-13}$$

那么

$$V_2^e = V(-\lambda/4) = jV^+(1-\Gamma) = V_0 \tag{5-14}$$

$$V_1^e = V(0) = V^+(1+\Gamma) = jV_0\frac{\Gamma+1}{\Gamma-1} \tag{5-15}$$

在端口1处，向源阻抗看，反射系数为

$$\Gamma = \frac{2-2}{2+\sqrt{2}} \tag{5-16}$$

$$V_1^e = -\mathrm{j}V_0\sqrt{2} \tag{5-17}$$

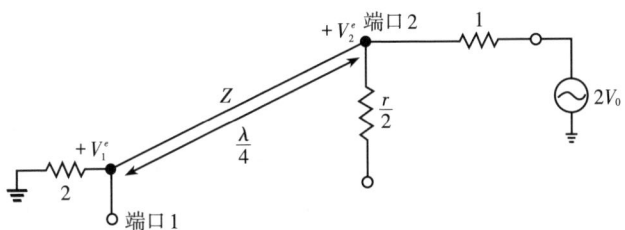

图5-6 偶模激励

当奇模激励时，$V_{g2} = -V_{g3} = 2V_0$，等效电路如图5-7所示。此时，由于并联传输线的长度为$\lambda/4$，端口1处短路，因此，从端口2处向里看，阻抗为$r/2$，即开路状态。如果$r=2$，那么端口2为匹配状态。$V_2^o = V_0$，$V_1^o = 0$。在奇模激励时，功率全部传送到电阻$r/2$上，端口1处没有功率进入。

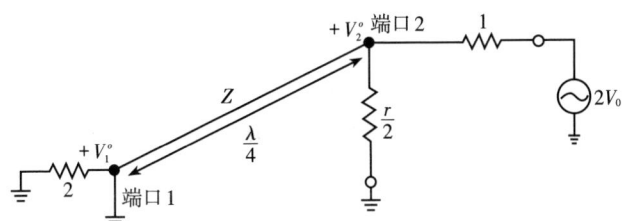

图5-7 奇模激励

当端口2，3接匹配负载时，其电路模型如图5-8所示，图中$Z = \sqrt{2}$。由图5-8可知，该电路与偶模激励时相似，电阻2上没有电流，因此，电路可变成图5-9所示的结构。此时，端口1处的输入阻抗可以表示为

$$Z_{in} = \frac{1}{2}\left(\sqrt{2}\right)^2 \tag{5-18}$$

对于Wilkinson功分器，S参数如下。

在端口1处阻抗匹配

$$S_{11} = 0 \tag{5-19}$$

奇偶模时，端口2，3处匹配

$$\left.\begin{array}{l} S_{22} = 0 \\ S_{33} = 0 \end{array}\right\} \qquad (5-20)$$

由于互易性和对称性

$$S_{12} = S_{21} = \frac{V_1^e + V_1^o}{V_2^e + V_2^o} = -\frac{j}{\sqrt{2}} \qquad (5-21)$$

$$S_{13} = S_{31} = -\frac{j}{\sqrt{2}} \qquad (5-22)$$

$$\left.\begin{array}{l} S_{23} = 0 \\ S_{32} = 0 \end{array}\right\} \qquad (5-23)$$

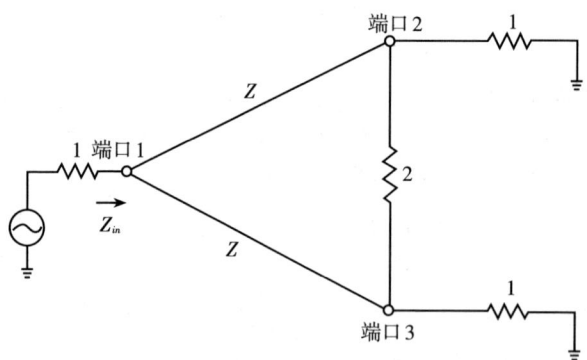

图5-8　有终端的Wilkinson功分器

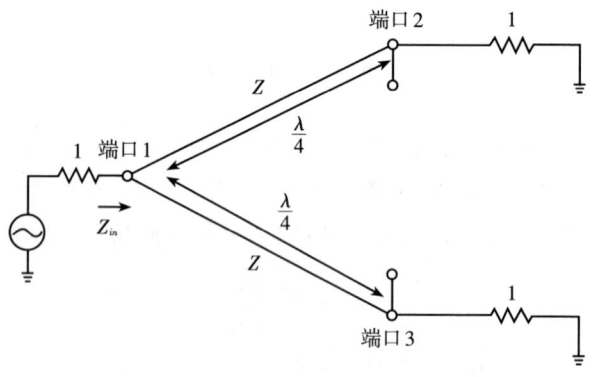

图5-9　有终端Wilkinson功分器的剖分图

5.3 带滤波功能的宽带功分器

功分器在微波毫米波天线馈电系统、移相器等中具有较为广泛的应用。传统的Wilkinson功分器的带宽比较窄，而且谐波较为严重。随着宽带通信技术的发展，对宽带功分器的要求越来越多。近年来，不少学者开始研究宽带功分器的设计。有通过折叠多级Wilkinson功分器来实现的，但是，这势必会增加系统的尺寸。为了改善带外特性，有利用DGS技术来抑制高频谐波的，但是，这需要对电路地平面进行刻蚀，不适用MMIC电路。针对以上问题，本小节介绍了一种适用于相控阵收发组件（T/R组件）的具有良好带外特性的带滤波功能的宽带功分器，同时，将滤波器的功能集成在功分器上，可大大减小相控阵收发组件的尺寸，提高隔离度。

图5-10所示为带滤波功能的宽带功分器的电路结构示意图。由图可知，它是由带支节加载的环形谐振器构成的两路功分器，两个输出端口，即端口2，3之间加有隔离电阻 R。该环形谐振器由特性阻抗为 Z_1 和 Z_2 的四段传输线组成，其相应的电长度均为 θ_1，θ_2。在环形谐振器上加载的两个支节的阻抗分别为 Z_3，Z_4，其相应的电长度为 θ_3，θ_4。当信号从端口1输入时，在功分器工作的频段内，能量被等分成了两部分，分别传送到输出端口2和输出端口3。对于该电路，可以利用奇偶模来进行分析，图5-11所示为奇偶模的电路图。该三端口电路的散射参数可以利用奇偶模电路的散射参数来表达[139]

$$S_{11}(f) = S_{11}^e(f) \tag{5-24}$$

$$S_{21}(f) = S_{31}(f) = \frac{S_{12}^e(f)}{2} \tag{5-25}$$

$$S_{23}(f) = \frac{S_{22}^e(f) - S_{22}^o(f)}{2} \tag{5-26}$$

$$S_{22}(f) = S_{33}(f) = \frac{S_{22}^e(f) + S_{22}^o(f)}{2} \tag{5-27}$$

由方程式（5-25）可知，每条传输路径上的传输系数即 S_{21} 和 S_{31}，只与偶模的 S 参数有关系。因此，传输极点可以从偶模等效电路的谐振条件得到

$$Z_L^e + Z_R^e = 0 \tag{5-28}$$

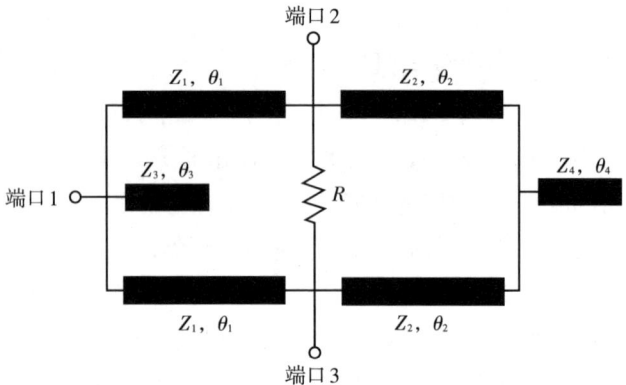

图5-10　宽带功分器电路结构示意图

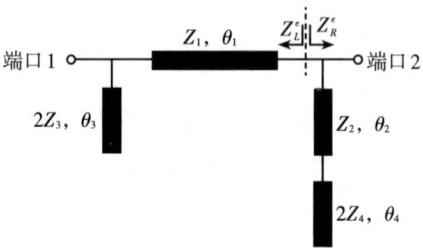

（a）偶模电路

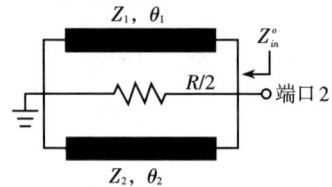

（b）奇模电路

图5-11　奇偶模电路图

其中

$$Z_L^e = \frac{Z_1(2Z_3 - Z_1 \tan\theta_1 \tan\theta_3)}{j(Z_1 \tan\theta_3 + 2Z_3 \tan\theta_1)} \tag{5-29}$$

$$Z_R^e = \frac{Z_2(2Z_4 - Z_2 \tan\theta_2 \tan\theta_4)}{j(Z_2 \tan\theta_4 + 2Z_4 \tan\theta_2)} \tag{5-30}$$

Z_L^e，Z_R^e为偶模电路图5-11（a）中分别从左边和右边看进去的输入阻抗，并且$\theta_1 = \theta_2$。因此，传输极点可由式（5-28）~式（5-30）得到。同样，通过偶模电路可以得到传输零点的表达式。对于图5-11（a）而言，其传输系数可以表示为

$$S_{12}^e = \frac{2\sqrt{2}\,Z_0}{AZ_0 + B + C \cdot 2Z_0^2 + D \cdot 2Z_0} \tag{5-31}$$

其中

$$\begin{bmatrix} A & B \\ C & D \end{bmatrix} = \begin{bmatrix} 1 & 0 \\ \dfrac{\mathrm{j}\tan\theta_3}{2Z_3} & 1 \end{bmatrix} \cdot \begin{bmatrix} \cos\theta_1 & \mathrm{j}Z_1\sin\theta_1 \\ \dfrac{\mathrm{j}\sin\theta_1}{Z_1} & \cos\theta_1 \end{bmatrix} \cdot \begin{bmatrix} 1 & 0 \\ \dfrac{1}{Z_R^e} & 1 \end{bmatrix} \tag{5-32}$$

$$A = \cos\theta_1 - \frac{Z_1\sin\theta_1\left(Z_2\tan\theta_4 + 2Z_4\tan\theta_2\right)}{2Z_2Z_4 - Z_2^2\tan\theta_2\tan\theta_4} \tag{5-33}$$

$$B = \mathrm{j}Z_1\sin\theta_1 \tag{5-34}$$

$$C = \frac{\mathrm{j}\tan\theta_3\cos\theta_1}{2Z_3} + \frac{\mathrm{j}\sin\theta_1}{Z_1} - \frac{\mathrm{j}Z_1\sin\theta_1\tan\theta_3\left(Z_2\tan\theta_4 + 2Z_4\tan\theta_2\right)}{2Z_3\left(2Z_2Z_4 - Z_2^2\tan\theta_2\tan\theta_4\right)} +$$
$$\frac{\mathrm{j}\cos\theta_1\left(Z_2\tan\theta_4 + 2Z_4\tan\theta_2\right)}{2Z_2Z_4 - Z_2^2\tan\theta_2\tan\theta_4} \tag{5-35}$$

$$D = \frac{-Z_1\sin\theta_1\tan\theta_3}{2Z_3} + \cos\theta_1 \tag{5-36}$$

Z_0为端口的输入阻抗，传输零点可以从$S_{12}^e = 0$得到。

图5-12所示为通带内传输极点位置即f_{p1}，f_{p2}，f_{p3}，以及带外四个传输零点位置即f_{z1}，f_{z2}，f_{z3}，f_{z4}，随电长度θ_4的变化曲线。其中$Z_1 = 91.4\ \Omega$，$Z_2 = Z_3 = 115.1\ \Omega$，$Z_4 = 135.4\ \Omega$，$\theta_1 = 90°$，$\theta_2 = 90°$，$\theta_3 = 68.7°$。由图5-12可知，当$\theta_4$增加时，通带内三个传输极点的位置即$f_{p1}$，$f_{p2}$，$f_{p3}$均向低频方向移动，其中$f_{p1}$，$f_{p2}$可以用来实现较宽的通带，而$f_{p3}$位于高频阻带位置，需要得到有效抑制。同时，通过调节θ_4可以控制带外的三个传输零点的位置即f_{z1}，f_{z2}，f_{z3}。图5-13所示为通带内传输极点位置即f_{p1}，f_{p2}，f_{p3}，以及带外四个传输零点位置即f_{z1}，f_{z2}，f_{z3}，f_{z4}，随电长度θ_3的变化曲线。其中$Z_1 = 91.4\ \Omega$，$Z_2 = Z_3 = 115.1\ \Omega$，$Z_4 = 135.4\ \Omega$，$\theta_1 = 90°$，$\theta_2 = 90°$，$\theta_4 = 173°$。由图5-13可知，当$\theta_3$变

化时，通带内传输极点的位置即f_{p1}，f_{p2}，以及带外三个传输零点的位置即f_{z1}，f_{z2}，f_{z3}，没有明显的变化。而当电长度θ_3增加时，第三个传输极点的位置f_{p3}缓慢向低频方向移动，带外传输零点的位置f_{z4}也向低频方向移动，并且其变化速度快于f_{p3}，当$f_{p3}=f_{z4}$时，谐波被抑制掉，表现为图中的A点。由此可见，可以通过适当调节电长度θ_3来有效地抑制谐波。

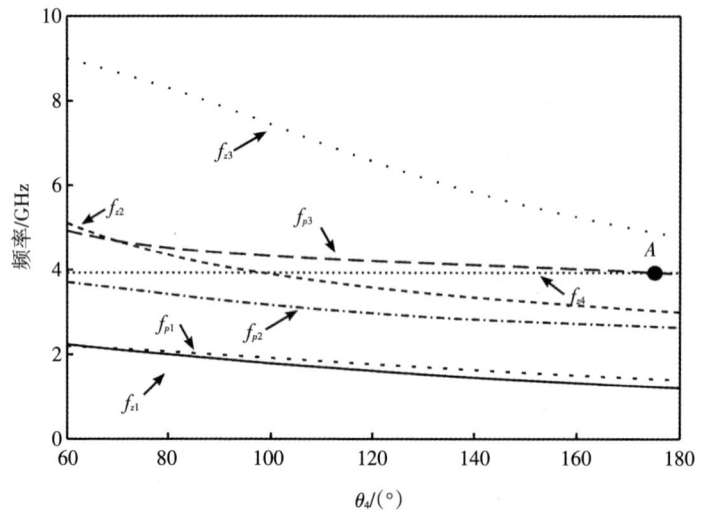

图5-12　传输极点和零点随θ_4的变化曲线

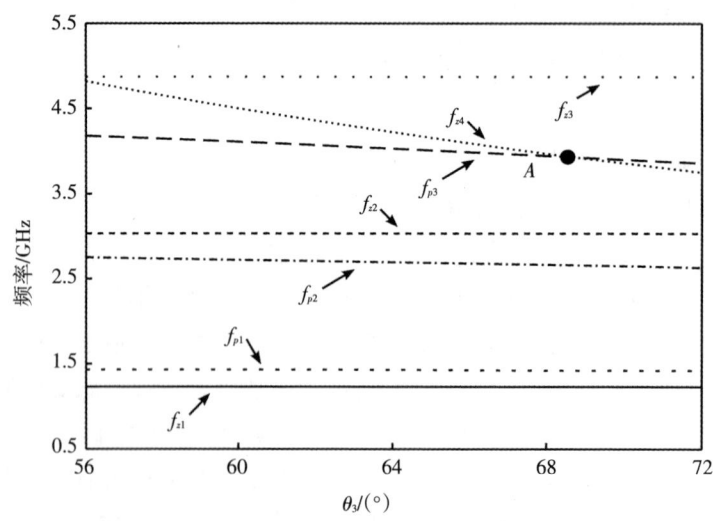

图5-13　传输极点和零点随θ_3的变化曲线

为了进一步改善低频阻带和高频阻带的特性，在输入端口和输出端口分别引进了耦合线结构，如图5-14所示。图5-15所示为弱耦合情况下的频率响应特性曲线。由图5-15可知，通过引入耦合线结构，通带内额外增加了两个传输极点，即f_{p3}和f_{p4}。同时，引入了传输零点f_{z5}。此外，在3.9 GHz附近的高次谐波被附近的传输零点很好地抑制了。由于引入耦合线，此时中心频率不在90°位置，在61.2°，即可有效地实现小型化。

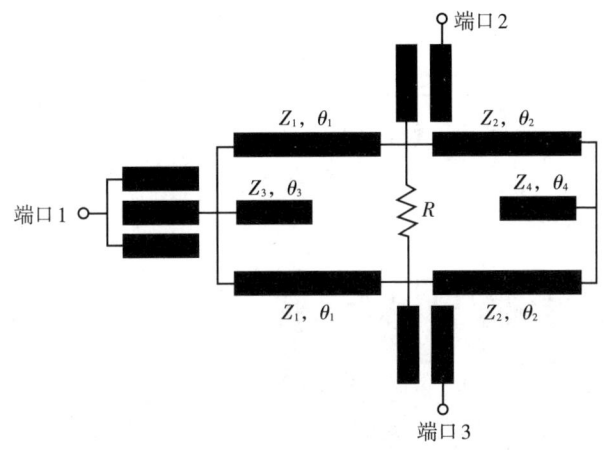

图5-14　耦合线结构的功分器

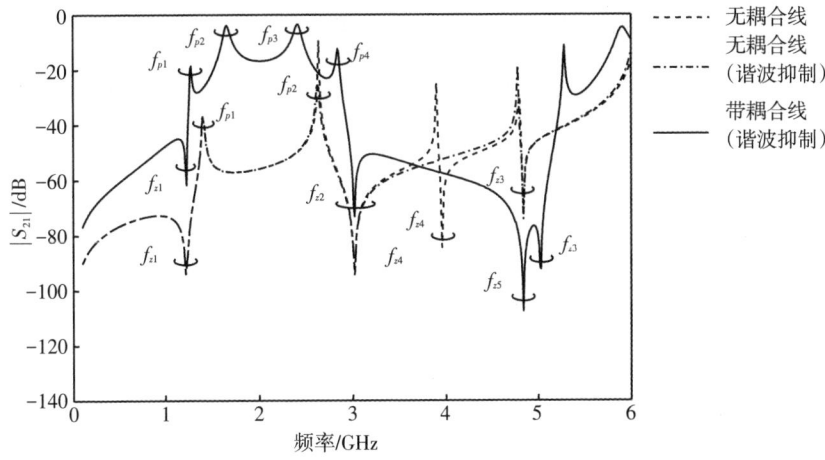

图5-15　弱耦合情况下的频率响应特性曲线

为了验证该带滤波功能的宽带功分器的性能，利用ADS仿真软件对其工作性能进行了考察，并使用矢量网络分析仪对其性能进行了相关测试，

图 5-16 所示为仿真和测试得到的频率响应特性曲线。测试得到在 1.41～2.68 GHz，回波损耗在 10.14 dB 以上，测试得到的中心频率在 2.05 GHz，相对带宽为 62%。由于该功分器具有多个传输零点，带外抑制较好，测试结果在为，从 2.98~4.93 GHz，抑制在 15.81 dB 以上。图 5-17 所示为仿真和测试的隔离参数及两个输出端口的相位差。由图 5-17 可知，在整个通带内，两个

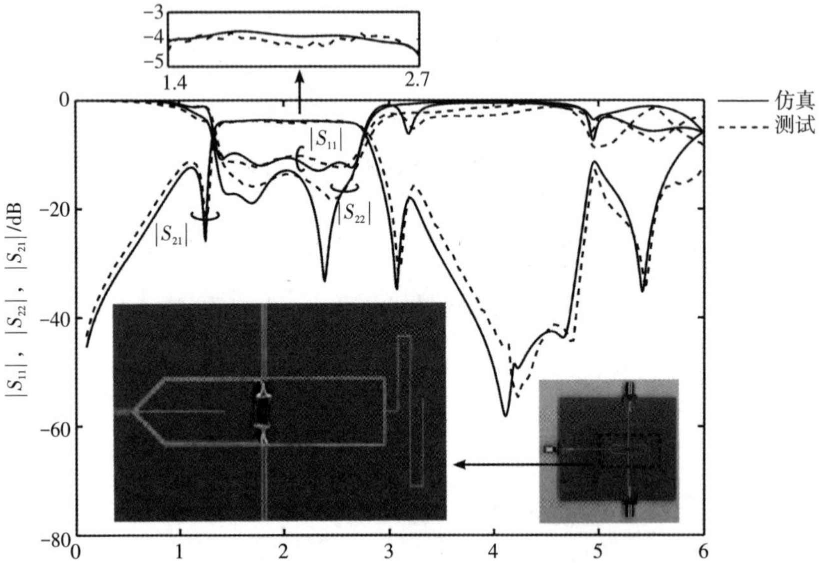

图5-16　仿真和测试的频率响应特性曲线

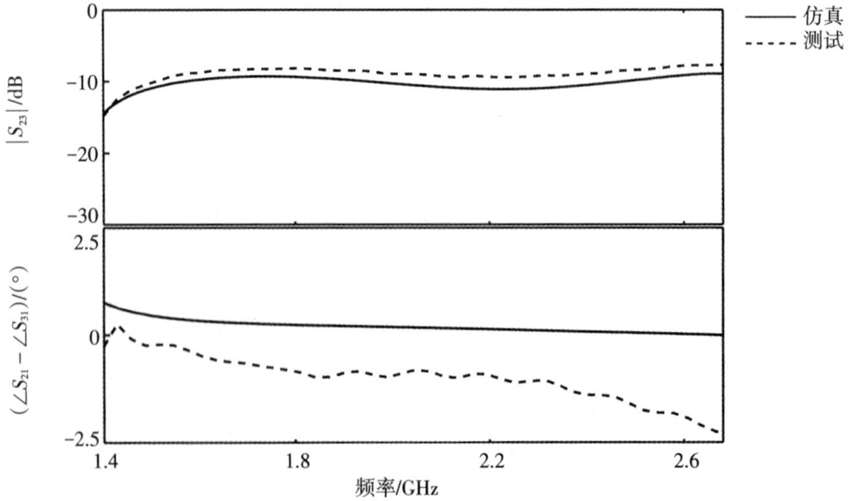

图5-17　仿真和测试的隔离参数及输出端口的相位差

输出端口的相位差都在±2.5°以内[140]。由此可见，该带滤波功能的宽带功分器不仅结构简单，具有良好的性能，而且有效地实现了电路的小型化。

5.4 小 结

本章首先对功分器做了简单的介绍，包括T形结功分器和Wilkinson功分器的基本结构及工作原理等。然后，介绍了一种具有良好带外特性的带滤波器功能的宽带功分器。该功分器具有滤波特性，实现了一个电路具有两个功能的特性，能够大大减小系统的整体尺寸，能够很好地适用于宽带无线通信系统。

第6章 结 语

本书针对高性能、小型化无线通信系统的发展需求，介绍了一系列高性能、小型化的超宽带滤波器、双模滤波器的设计方案；并基于宽带带通滤波器直接综合方法，介绍了非等纹响应的宽带带通滤波器综合方法；将滤波器与巴伦的功能集成在一起，介绍了高性能、小型化的带滤波功能的巴伦的设计方案；将滤波器与功率分配器的功能整合在一起，介绍了带滤波功能的功率分配器的设计方法。

高性能、小型化平面微波无源器件的研究是一项具有重要意义的课题，在实际工程应用中具有重要的应用价值。本书在这一方面做了一些介绍，但还存在一些不足的地方，需要在以后的工作中对其进行进一步的完善。

参考文献

[1] 千本被,吴万春. 现代滤波器的结构与设计[M]. 北京:科学出版社, 1973:1-7.

[2] MATTHAEI G L,YONG L,JONES E M T. Microwave filters:impedance-matching network and coupling structures[M]. New York:McGraw-Hill,1964:83-96.

[3] RHODES J D. Theory of electrical filters[M]. New York:Wiley,1976:18-28.

[4] HONG J S,LANCASTER M J. Microstrip filters for RF/microwave applications[M]. New York:Wiley,2001:29-37.

[5] ZHU L,WANG H. Ultra-wideband(UWB)bandpass filter on aperture-backed microstrip line[J]. Electronics Letters,2005,41(18):1015-1016.

[6] 葛利嘉,曾凡鑫,刘郁林,等. 超宽带无线通信[M]. 北京:国防工业出版社,2006:1-20.

[7] KUO J T,SHIH E. Wideband bandpass filter design with three-line microstrip structures[C]. IEEE MTT-S Int. Dig.,2001:1593-1596.

[8] KUO J T,SHIH E. Wideband bandpass filter with three-line microstrip structures[C]. IEE Proc. Microwave Antennas Propagation,2002,149(5/6):243-247.

[9] ISHIDA H,ARAKI K. Design and analysis of UWB band pass filter with ring filter[C]. IEEE MTT-S Int. Dig.,2004:1307-1310.

[10] WANG H,ZHU L. Ultra-wideband bandpass filter using back-to-back microstrip-to-CPW transition structure[J]. Electronics Letters,2005,41(24):1337-1338.

[11] KUO T N,LIN S C,CHEN C H. Compact ultra-wideband bandpass filters using composite microstrip-coplanar-waveguide structure[J]. IEEE Transactions Microwave Theory and Techniques,2006,54(10):3772-3778.

[12] LI R,ZHU L. Compact UWB bandpass filter using stub-loaded multiple-

mode resonator [J]. IEEE Microwave and Wireless Components Letters, 2007,17(1):40-42.

[13] SUN S,ZHU L. Capacitive-ended interdigital coupled lines for UWB band-pass filters with improved out-of-band performances [J]. IEEE Microwave and Wireless Components Letters,2006,16(8):440-442.

[14] ZHANG H,PENG Y,XIN H. A tapped stepped-impedance balun with dual-band operations [J]. IEEE Antennas and Wireless Propagation Letters, 2008(7):119-122.

[15] OLTMAN G. The compensated balun [J]. IEEE Transactions Microwave Theory and Techniques, 1966,14(3):112-119.

[16] FATHELBAB W M, STEER M B. New classes of miniaturized planar marchand baluns [J]. IEEE Transactions Microwave Theory and Techniques,2007,57(4):1211-1220.

[17] YANG T,TAMURA M,ITOH T. Compact hybrid resonator with series and shunt resonances used in miniaturized filters and balun filters [J]. IEEE Transactions Microwave Theory and Techniques,2010,58(2):390-402.

[18] CHEONG P,LV T S,CHOI W W,et al. Balun-bandpass filter with simultaneous spurious response suppression and differential performance improvement[J]. IEEE Microwave and Wireless Components Letters,2011,21(2):77-79.

[19] TSENG C H,CHANG C L. Wide-band balun using composite right/left-handed transmission line [J]. Electronics Letters, 2007, 43(21):1154-1155.

[20] LIU C,MENZEL W. Broadband via-free microstrip balun using metamaterial transmission lines [J]. IEEE Microwave and Wireless Components Letters,2008,18(7):437-439.

[21] POZAR D M. Microwave engineering[M]. New York:Wiley, 2005:351-368.

[22] WU Y,LIU Y,XUE Q,et al. Analytical design method of multiway dual-band planar power dividers with arbitrary power division[J]. IEEE Transactions Microwave Theory and Techniques,2010,58(12):3832-3841.

[23] CHIU L,XUE Q. A parallel-strip power divider with high isolation and arbi-

trary power - dividing ratio [J]. IEEE Transactions Microwave Theory and Techniques,2010,55(11):2419-2426

[24] ORAIZI H, SHARIFI A R. Optimum design of asymmetrical multisection two-way power dividers with arbitrary power division and impedance matching [J]. IEEE Transactions Microwave Theory and Techniques, 2010, 59 (6):1478-1490.

[25] MIKUCKI G F, AGRAWAL A K. A broad-band printed circuit hybrid ring power divider [J]. IEEE Transactions Microwave Theory and Techniques, 2010,37(1):112-117.

[26] WU Y, LIU Y, XUE Q. An analytical approach for a novel coupled-line dual -band Wilkinson power divider [J]. IEEE Transactions Microwave Theory and Techniques,2011,59(2):286-294.

[27] ZOU X, TONG C M, YU D W. Y-junction power divider based on substrate integrated waveguide[J]. Electronics Letters,2011,47(25):1375-1376.

[28] ORAIZI H, SHARIFI A R. Design and optimization of broadband asymmetrical multisection Wilkinson power divider [J]. IEEE Transactions Microwave Theory and Techniques,2006,54(5):2220-2231.

[29] WANG H, ZHU L, MENZEL W. Ultra-wideband bandpass filter with hybrid microstrip/CPW structure [J]. IEEE Microwave and Wireless Components Letters,2005,15(12):844-846.

[30] HU H L, HUANG X D, CHENG C H. Ultra-wideband bandpass filter using CPW - to - microstrip coupling structure [J]. Electronics Letters, 2005, 42 (10):586-587.

[31] MOKHTAARI M, BORNEMANN J, AMARI S. Folded compact ultra-wideband stepped-impedance resonator filters[C]. IEEE MTT-S Int. Dig.,2007: 747-750.

[32] MENZEL W, ZHU L, WU K, et al. On the design of novel compact broadband planar filters [J]. IEEE Transactions Microwave Theory and Techniques,2003,51(2):364-370.

[33] GAO S, XIAO S, WANG J, et al. A wideband microstrip bandpass filter for ultra-wideband wireless communication application[J]. Microwave and Optical Technology Letters,2007,49(8):1975-1976.

[34] GAO J,ZHU L,MENZEL W,et al. Short-circuited CPW multiple-mode resonator for ultra-wideband(UWB)bandpass filter[J]. IEEE Microwave and Wireless Components Letters,2006,16(3):104-106.

[35] ZHU L,SUN S,MENZEL W. Ultra-wideband(UWB)bandpass filters using multiple-mode resonator[J]. IEEE Microwave and Wireless Components Letters,2005,15(11):796-798.

[36] KIM C H,CHANG K. Ultra-wideband(UWB)ring resonator bandpass filter with a notched band[J]. IEEE Microwave and Wireless Components Letters,2011,21(4):206-208.

[37] WONG S W,ZHU L. Implementation of compact UWB bandpass filter with a notch-band[J]. IEEE Microwave and Wireless Components Letters,2008,18(1):10-12.

[38] YANG G M,JIN R,VITTORIA C,et al. Small ultra-wideband(UWB)bandpass filter with notched band[J]. IEEE Microwave and Wireless Components Letters,2008,18(3):176-178.

[39] LI Q,J Z. LI,LIANG C H,et al. UWB bandpass filter with notched band using DSRR[J]. Electronics Letters,2010,46(10):692-693.

[40] PIRANI S,NOURINIA J,GHOBADI C. Band-notched UWB BPF design using parasitic coupled line[J]. IEEE Microwave and Wireless Components Letters,2010,20(8):444-446.

[41] LEE C H,HSU C I G,CHEN L Y. Band-notched ultra-wideband bandpass filter design using combined modified quarter-wavelength tri-section stepped-impedance resonator[J]. IET Microwave Antennas Propagation,2009,3(8):1232-1236.

[42] SHAMAN H,HONG J S. Asymmetric parallel-coupled lines for notched implementation in UWB filters[J]. IEEE Microwave and Wireless Components Letters,2007,17(7):516-518.

[43] SHAMAN H,HONG J S. Ultra-wideband(UWB)bandpass filter with embedded band notch structures[J]. IEEE Microwave and Wireless Components Letters,2007,17(3):193-195.

[44] MONDAL P,GUAN Y L. A coplanar stripline ultra-wideband bandpass filter with notch band[J]. IEEE Microwave and Wireless Components Letters,

2010,20(1):22-24.

[45] DENG H W,ZHAO Y J,ZHANG L,et al. Compact quintuple-mode stub-loaded resonator and UWB filter[J]. IEEE Microwave and Wireless Components Letters,2010,20(8):438-440.

[46] LIN W J, LI J Y, CHEN L S, et al. Investigation in open circuited metal lines embedded in defected ground structure and its applications to UWB filters [J]. IEEE Microwave and Wireless Components Letters, 2010, 20 (3):148-150.

[47] SONG K, XUE Q. Asymmetric dual-line coupling structure for multiple-notch implementation in UWB bandpass filters [J]. Electronics Letters, 2010,46(20):1388-1389.

[48] WEI F,GAO C J,LIU B,et al. UWB bandpass filter with two notch-bands based on SCRLH resonator[J]. Electronics Letters, 2010, 46(16): 1134-1135.

[49] SONG K, XUE Q. Compact ultra-wideband (UWB) bandpass filters with multiple notched bands[J]. IEEE Microwave and Wireless Components Letters,2010,20(8):447-449.

[50] LI K, KURITA D, MATSUI T. UWB bandpass filters with multi notched bands[C]. Proc. 36th EuMC,2006:591-594.

[51] WOLFF I. Microstrip bandpass filter using degenerate modes of a microstrip ring resonator[J]. Electronics Letters,1972,8(12):302-303.

[52] HONG J S,LANCASTER M J. Bandpass characteristics of new dual-mode microstrip square loop resonators [J]. Electronics Letters, 1995, 31(11): 891-892.

[53] HONG J S,LANCASTER M J. Microstrip bandpass filter using degenerate modes of a novel meander loop resonator[J]. IEEE Microwave and Guided Wave Letters,1995,5(11):371-372.

[54] ZHU L,WECOWSKI P M,WU K. New planar dual-mode filter using cross-slotted patch resonator for simultaneous size and loss reduction [J]. IEEE Transactions Microwave Theory and Techniques,1999,47(5):650-654.

[55] GÖRÜR A. Description of coupling between degenerate modes of a dual-mode microstrip loop resonator using a novel perturbation arrangement and

its dual-mode bandpass filter applications[J]. IEEE Transactions Microwave Theory and Techniques,2004,52(2):671-677.

[56] HONG J S,SHAMAN H,CHUN Y H. Dual-mode microstrip open-loop resonators and filters [J]. IEEE Transactions Microwave Theory and Techniques,2007,55(8):1764-1770.

[57] ZHU L,BOON C T,QUEK S J. Miniaturized dual-mode bandpass filter using inductively loaded cross-slotted patch resonator [J] . IEEE Microwave and Wireless Components Letters,2005,15(1):22-24.

[58] MAO R J,TANG X H. Novel dual-mode bandpass filters using hexagonal loop resonators[J]. IEEE Transactions Microwave Theory and Techniques, 2006,54(9):3526-3533.

[59] MAO R J,TANG X H,XIAO F. Miniaturized dual-mode ring bandpass filters with patterned ground plane[J]. IEEE Transactions Microwave Theory and Techniques,2007,55(7):1539-1547.

[60] ZHANG X C,YU Z Y,XU J. Design of microstrip dual-mode filters based on source-load coupling [J]. IEEE Microwave and Wireless Components Letters,2008,18(10):677-679.

[61] LI L,LI Z F. Application of inductive source-load coupling in microstrip dual-mode filter design[J]. Electronics Letters,2010,46(2):141-142.

[62] TU W H,CHANG K. Miniaturized dual-mode bandpass filter with harmonic control [J]. IEEE Microwave and Wireless Components Letters, 2005, 15 (12):838-840.

[63] KANG W,HONG W,ZHOU J Y. Performance improvement and size reduction of microstrip dual-mode bandpass filter[J]. Electronics Letters,2008, 44(6):421-422.

[64] LUGO C,PAPAPOLYMEROU J. Dual-mode reconfigurable filter with asymmetrical transmission zeros and center frequency control[J]. IEEE Microwave and Wireless Components Letters,2006,16(9):499-451.

[65] LI R Q,TANG X H,XIAO F. Substrate integrated waveguide dual-mode filter using sloy lines perturbation[J]. Electronics Letters,2010,46(12):845-846.

[66] GÖRÜR A,KARPUZ C. Miniature dual-mode microstrip filters [J]. IEEE

Microwave and Wireless Components Letters, 2007, 17(1):37-39.

[67] BAIK J W, ZHU L, KIM Y S. Dual-mode dual-band bandpass filter using balun structure for single substrate configuration [J]. IEEE Microwave and Wireless Components Letters, 2010, 20(11):613-615.

[68] WONG W T, LIN Y S, WANG C H, et al. Highly selective microstrip bandpass filters for ultra-wideband (UWB) applications [C]. Proc. Asia-Pacific Microwave Conf., 2005:2850-2853.

[69] GÓMEZ-GARCÍA R, ALONSO J I. Ultra-wideband filtering responses using high-pass and low-pass sections [J]. IEEE Transactions Microwave Theory and Techniques, 2006, 54(10):3751-3764.

[70] GARCÍA-GARCÍA J, BONACHE J, MARTÍN F. Application of electromagnetic bandgaps to the design of ultra-wide bandpass filters with good out-of-band performance [J]. IEEE Transactions Microwave Theory and Techniques, 2006, 54(12):4136-4140.

[71] SHAMAN H, HONG J S. Input and output cross-coupled wideband bandpass filter [J]. IEEE Transactions Microwave Theory and Techniques, 2007, 55(12):2562-2568.

[72] CHIOU Y C, KUO J T, CHENG E. Broadband quasi-chebyshev bandpass filter with multimode stepped-impedance resonator (SIRs) [J]. IEEE Transactions Microwave Theory and Techniques, 2006, 54(8):3352-3358.

[73] ABBOSH A M. Planar bandpass filters for ultra-wideband applications [J]. IEEE Transactions Microwave Theory and Techniques, 2007, 55(10):2262-2269.

[74] CAI P, MA Z, GUAN X, et al. Synthesis and realization of novel ultra-wideband bandpass filters using 3/4 wavelength parallel-coupled line resonators [C]. Proc. Asia-Pacific Microwave Conf., 2006:159-162.

[75] LI R, SUN S, ZHU L. Synthesis design of ultra-wideband bandpass filters with composite series and shunt stubs [J]. IEEE Transactions Microwave Theory and Techniques, 2009, 57(3):684-692.

[76] LI R, SUN S, ZHU L. Synthesis design of ultra-wideband bandpass filters with designable transmission poles [J]. IEEE Microwave and Wireless Components Letters, 2009, 19(5):284-286.

[77] LI R, SUN S, ZHU L. Direct synthesis of transmission line low-/high-pass filters with series stubs[J]. IET Microwave Antennas Propagation, 2009, 3 (4):654-662.

[78] SUN S, LI R, ZHU L, et al. Studies on synthesis design of ultra-wideband parallel-coupled line bandpass filters with Chebyshev responses[C]. Proc. Asia-Pacific Microwave Conf., 2009:155-158.

[79] SUN S, ZHU L. Improved formulas for synthesizing multiple-mode-resonator-based UWB bandpass filters[C]. Proc. 39th European Microwave Conf., 2009:299-302.

[80] HWANG H Y, KANG S J. Dual ring balun-BPF with improved balanced port characteristics[J]. Microwave Journal, 2009, 52(11):76-86.

[81] YEUNG L K, WU K L. An LTCC balanced-to-unbalanced extracted-pole bandpass filter with complex load[J]. IEEE Transactions Microwave Theory and Techniques, 2006, 54(4):1512-1518.

[82] JUNG E Y, HWANG H Y. A balun-BPF using a dual-mode ring resonator [J]. IEEE Microwave and Wireless Components Letters, 2007, 17(9):652-654.

[83] SUN S, MENZEL W. Novel dual-mode balun bandpass filters using single cross-slotted patch resonator[J]. IEEE Microwave and Wireless Components Letters, 2011, 21(8):415-417.

[84] HWANG H Y, KANG S J. Ring-balun-bandpass filter with harmonic suppression[J]. IET Microwave Antennas Propagation, 2010, 4(11):1847-1854.

[85] CHEONG P, LV T S, CHOI W W, et al. A compact microstrip square-loop dual-mode balun-bandpass filter with simultaneous spurious response suppression and differential performance improvement [J]. IEEE Microwave and Wireless Components Letters, 2011, 21(2):77-79.

[86] SUN Z, ZHANG L, YAN Y, et al. Design of unequal dual-band gysel power divider with arbitrary termination resistance[J]. IEEE Transactions Microwave Theory and Techniques, 2011, 59(8):1955-1962.

[87] CHENG K K M, LAW C. A novel approach to the design and implementation of dual-band power divider[J]. IEEE Transactions Microwave Theory

and Techniques,2008,56(2):487-492.

[88] KIM S,JEON S,JEONG J. Compact two-way and four way power dividers using multi-conductor coupled lines[J]. IEEE Microwave and Wireless Components Letters,2011,21(3):130-132.

[89] WILKINSON E J. An N-way hybrid power divider[J]. IRE Transactions Microwave Theory and Techniques,1960,8(1):116-118.

[90] SCARDELLETTI M C,PONCHAK E,WELLER T M. Miniaturized Wilkinson power dividers utilizing capacitive loading[J]. IEEE Microwave and Wireless Components Letters,2002,12(1):6-8.

[91] KISHIHARA M,YAMANE K,OHTA I. A design of multi-stage,multi-way microstrip power dividers with broadband properties[C]. IEEE Microwave Symp. Dig.,2004:69-72.

[92] WONG S W,ZHU L. Ultra-wideband power dividers with good isolation and sharp roll-off skirt[C]. Proc. Asia-Pacific Microwave Conf.,2008:1-4.

[93] WONG S W,ZHU L. Ultra-wideband power dividers with good isolation and improved sharp roll-off shirt[J]. IET Microwave Antennas Propagation, 2009,3(8):1157-1163.

[94] LEE S W,KIM C S,CHOI K S,et al. A general design formula of multi-section power divider based on singly terminated filter design theory[C]. IEEE Microwave Symp. Dig.,2001:1297-1300.

[95] WONG S W,ZHU L. Ultra-wideband power divider with good in-band splitting and isolation performances[J]. IEEE Microwave and Wireless Components Letters,2008,18(8):518-520.

[96] SONG K,XUE Q. Novel ultra-wideband(UWB)multilayer slotline power divider with bandpass response[J]. IEEE Microwave and Wireless Components Letters,2010,20(1):13-15.

[97] CHEONG P,LAI K I,TAM K W. Compact Wilkinson power divider with simultaneous bandpass response and harmonic suppression[C]. IEEE Microwave Symp. Dig.,2010:1588-1591.

[98] IP W C,CHENG K K M. A novel unequal power divider design with dual-harmonic rejection and simple structure[J]. IEEE Microwave and Wireless Components Letters,2011,21(4):182-184.

[99] ZHANG J, LI L, SUN X. Compact and harmonic suppression Wilkinson power divider with short circuit anti-coupled line[J]. IEEE Microwave and Wireless Components Letters, 2007, 17(9):661-663.

[100] IP W C, CHENG K K M. A novel microstrip power divider design with harmonic suppression and impedance transformation[C]. Proc. Asia-Pacific Microwave Conf., 2010:1256-1259.

[101] YANG J, GU C, WU W. Design of novel compact coupled microstrip power divider with harmonic suppression[J]. IEEE Microwave and Wireless Components Letters, 2008, 18(9):572-574.

[102] CHOI M G, LEE H M, CHO Y H, et al. Design of Wilkinson power divider with embedded low-pass filter and cross-stub for improved stop-band characteristics[C]. IEEE Microwave Symp. Dig., 2011:1-4.

[103] WANG C W, LI K H, MA T G. A miniaturized Wilkinson power divider with harmonic suppression characteristics using planar artificial transmission line[C]. Proc. Asia-Pacific Microwave Conf., 2007:1-4.

[104] IP W C, CHENG K K M. A novel 3-way power divider design with multi-harmonic suppression[C]. IEEE Microwave Symp. Dig., 2011:1-4.

[105] WOO D J, LEE T K. Suppression of harmonics in Wilkinson power divider using dual-band rejection by asymmetric DGS[J]. IEEE Transactions Microwave Theory and Techniques, 2005, 53(6):2139-2144.

[106] KIM J S, PARK M J, KONG K B. Modified design of Wilkinson power divider for harmonic suppression[J]. Electronics Letters, 2009, 45(23):1174-1175.

[107] CHENG K K M, IP W C. A novel power divider design with enhanced spurious suppression and simple structure[J]. IEEE Transactions Microwave Theory and Techniques, 2010, 58(12):3903-3908.

[108] SINGH P K, BASU S, WANG Y H. Coupled line power divider with compact size and bandpass response[J]. Electronics Letters, 2009, 45(17):892-894.

[109] CAMERON R J. General coupling matrix synthesis methods for Chebyshev filtering functions[J]. IEEE Transactions Microwave Theory and Techniques, 1999, 47(4):433-442.

［110］ GAO S, XIAO S, WANG B Z. Ultra wideband band pass filter with a controllable notched band［J］. Microwave and Optical Technology Letters, 2009,51(7):1745-1748.

［111］ 高山山,肖绍球,王秉中.一种通带内具有阻带特性的超宽带微带通滤波器设计［C］. 全国微波毫米波会议,2011:134-137.

［112］ GAO S S, XIAO S Q, WANG B Z. Compact UWB bandpass filter with a notched band［C］. 2008 IEEE MTT-S International Microwave Workshop Series on Art of Miniaturizing RF and Microwave Passive Components, Chengdu, China,2008:142-144.

［113］ GAO S, XIAO S, LI J L. Compact ultra-wideband(UWB)bandpass filter with dual notched bands［J］. Applied Computational Electromagnetics Society Journal,2012,27(10):795-800.

［114］ AHN D, PARK, KIM C S, et al. A design of the low-pass filter using the novel microstrip defected ground structure［J］. IEEE Transactions Microwave Theory and Techniques,2001,49(1):86-93.

［115］ GAO S, XIAO S, LI J L. Miniaturized microstrip dual-mode filter with three transmission zeros,Progress In Electromagnetics Research Letters,2012,31, pp. 199-207.

［116］ GUGLIELMI M, CONNOR G. Chained function filters［J］. IEEE Microwave and Guided Wave Letters,1997,7(12):390-392.

［117］ CHRISOSTOMIDIS C E, GUGLIELMI M, YOUNG P, et al. Application of chained functions to low-cost microwave bandpass filters using standard PCB etching techniques［C］. Proc. 30th European Microwave Conf.,2000:40-43.

［118］ CHRISOSTOMIDIS C E, LUCYSZYN S. On the theory of chained-function filters［J］. IEEE Transactions Microwave Theory and Techniques,2005,53 (10):3142-3151.

［119］ C. E. Chrisostomidis, S. Lucyszyn. Seed function combination selection for chained function filters［J］. IET Microwave Antennas Propagation,2010,4 (6):799-807.

［120］ JAYYOUSI A B, LANCASTER M J, HUANG F. Filtering functions with reduced fabrication sensitivity［J］. IEEE Microwave and Wireless Components Letters,2005,15(5):360-362.

[121] KARPUZ C, GÖRÜR A. A novel filtering function for linear phase dual mode filters with nonequi-ripple[C]. Proc. 37th European Microwave Conf., 2007: 332-335.

[122] HSU C L, HSU F C, KUO J T. Microstrip bandpass filters for ultra-wide-band(UWB)wireless communications[C]. IEEE MTT-S Int. Dig., 2005: 679-682.

[123] SHAMAN H, HONG J S. A novel ultra-wideband(UWB)bandpass filter (BPF)with pairs of transmission zeros[J]. IEEE Microwave and Wireless Components Letters, 2007, 17(2): 121-123.

[124] CHEN C P, MA Z, ANADA T. Synthesis of ultra-wideband bandpass filter employing parallel-coupled stepped-impedance resonators[J]. IET Micro-wave Antennas Propagation, 2008, 2(8): 766-772.

[125] SUN S, ZHU L. Multimode-resonator-based bandpass filters[J]. IEEE Mi-crowave Magazine, 2009, 10(2): 88-98.

[126] DROZD J M, JOINES W T. Maximally flat quarter-wavelength-coupled transmission-line filters using Q distribution[J]. IEEE Transactions Micro-wave Theory and Techniques, 1997, 45(12): 2100-2113.

[127] CHIN K S, LIN L Y, KUO J T. New formulas for synthesizing microstrip bandpass filters with relatively wide bandwidths[J]. IEEE Microwave and Wireless Components Letters, 2004, 14(5): 231-233.

[128] CHIN K S, KUO J T. Insertion loss function synthesis of maximally flat par-allel-coupled line bandpass filters[J]. IEEE Transactions Microwave Theo-ry and Techniques, 2005, 53(10): 3161-3168.

[129] LEVY R, LIND L F. Synthesis of symmetrical branch-guide directional couplers[J]. IEEE Transactions Microwave Theory and Techniques, 1968, MTT-16(2): 80-89.

[130] HORTON M C, MENZEL R J. General theory and design of optimum quar-ter-wave TEM filters[J]. IEEE Transactions Microwave Theory and Tech-niques, 1965, 13(3): 316-327.

[131] CARLIN H J, KOHLER W. Direct synthesis of band-pass transmission line structures[J]. IEEE Transactions Microwave Theory and Techniques, 1965, 13(5): 283-297.

[132] GAO S S, SUN S. Synthesis of wideband parallel-coupled line bandpass filters with non-equiripple responses[J]. IEEE Microwave and Wireless Components Letters, 2014, 24(9):587-589.

[133] GAO S S, SUN S. Realizability analysis of wideband non-equiripple band-pass filters using parallel-coupled lines[C]. 2015 IEEE MTT-S International Microwave Workshop Series on Advanced Materials and Processes for RF and THz Applications(IMWS-AMP), 2015:1-2.

[134] PUGLIA K V. Electromagnetic simulation of some common balun structures[J]. IEEE Microwave Magazine, 2002, 3(3):56-61.

[135] 魏萍. 超宽带微波混频器的研究[D]. 成都:电子科技大学, 2008:20-22.

[136] MONGIA R K, BAHL I J, BHARTIA P, et al. RF and microwave coupled-line circuits[M]. Norwood, MA:Artech House, 2007:489-503.

[137] CHANG K, HSIEH L H. Microwave ring circuits and related structures [M]. Wiley, 2004:29-32.

[138] GAO S S, SUN S. Compact dual-mode balun bandpass filter with improved upper stopband performance[J]. Electronics Letters, 2011, 47(23):1281-1283.

[139] AHN H R. Asymmetric passive components in microwave integrated circuits[M]. New York:Wiley, 2006:163-167.

[140] GAO S S, SUN S, XIAO S. A novel wideband bandpass power divider with harmonic-suppressed ring resonator [J]. IEEE Microwave and Wireless Components Letters, 2013, 23(3):119-121.